図解 即 戦力

豊富な図解と丁寧な解説で、
知識0でもわかりやすい！

要件定義の
セオリーと実践方法が
しっかりわかる
教科書

これ
1冊で

エ

JN028118

Yuko Uemura

技術評論社

はじめに

　従来、要件定義はベテランSEが担当する業務と認識されていました。特にフルスクラッチのような案件では、開発分野でキャリアを積んだSEがお客様へのヒアリングを主導していました。また、豊富な業務知識やユーザーのローカルルールにまで精通することが要件定義担当者に求められてきました。

　近年、ビジネスの変化が速く、システム構築にも俊敏さが求められてきつつあります。短いサイクルで要件定義からシステムの実装まで行うことも要請されることが多くなりました。コンパクトな案件が増えてきたことに加えて、商用パッケージやクラウド環境など実現手段も多様になり、システム開発全体がさまざまな制約から解放されるようになってきました。このような背景から、要件定義は、どのように実装するかといった設計の延長視点でも業務立脚でもなく、ビジネスで何を実現すべきかを決定していくという要件定義本来の目的に回帰されるようになりました。このことは、要件定義自体がベテランSEの仕事ではなく、若手のエンジニアやコンサルタントでも十分、リードすることができる仕事になっていることを意味しています。

　一方で、要件定義は、お客様企業の事業に関心を持つこと、多くの部門の利害関係者とディスカッションし取りまとめる力など、高いコミュニケーションスキルが不可欠です。そして、ユーザーの潜在要求を引き出し、要求の中にパターンを見つけ、構造化し、まだ誰も見た事のないビジネスやシステムを可視化するという概念形成の力も求められます。すなわち要件定義自体が、確定されたスコープの中で一定の品質水準、コスト、納期を守るという範囲や期限のあるシステム開発プロジェクトと異なり、何もないところに境界線を引き、あいまいなニーズを言語化していく仕事であり、設計や開発の仕事とは本質的に性質が異なることを認識すべきでしょう。筆者は、SIerでSE職、事業会社でシステム企画職、コンサルティング組織でアドバイザリー業務に従事し、さまざまな立場で要求開発や要件定義に携わってきました。要件定義への取り組みが、設計や開発とは異なることを身をもって経験してきました。両者の違いに気づいていれば失敗を防げたことなども思い出されます。本書ではそれらの違いについても紹介しています。

要件定義に関しては、世の中にビジネスアナリシスの分野に優れたガイドが数多くあります。示唆に富んだ内容が、汎用的な視点で記されています。皆さんは、本書で、まず要件定義の基礎を学び、全体像を理解して下さい。その後、IIBA®やPMI®などのグローバルな組織によるスタンダードやベスト・プラクティスに興味を広げて下さい。さらなるスキルアップを支援するコンテンツが皆さんを待っています。

2020年6月　上村有子

主な登場人物

読者の皆さんは、システムインテグレーター企業に所属する若手のエンジニアです。

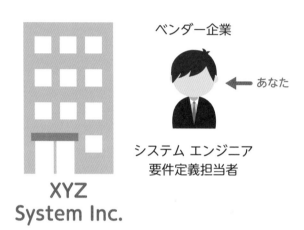

ベンダー企業

あなた

システム エンジニア
要件定義担当者

XYZ
System Inc.

マイナ・バード旅行社 (ユーザー企業)

役員　営業部門の担当者　事業部門の担当者　情報システム部門の担当者

Myna
Bird Co,Ltd.

今回の要件定義プロジェクトの中核メンバーは、あなたと、ユーザー企業の情報システム部門の担当者です。他に数名のメンバーのアサインが予定されています。

要件定義プロジェクトの
中核メンバー

ベンダー企業

← あなた

システム エンジニア
要件定義担当者

情報システム
部門の担当者

目次　Contents

2章
要件定義の下調べ・段取りフェーズ

3章
業務要求の分析・定義フェーズ

4章
機能要求の分析・定義フェーズ

5章
非機能要求の分析・定義フェーズ

6章
要件定義の合意と承認・維持フェーズ

ご注意：はじめにお読みください

1章

要件定義の基礎知識

読者の皆さんは、これからマイナ・バード旅行社という旅行代理店の要件定義プロジェクトに参加します。要件定義はシステムの設計・開発の延長線上の仕事ではありません。取組姿勢や、めざすゴールも異なります。何から始めて何を作り、どのような成果が期待されるのか、まずは要件定義の全体像を概観してみましょう。

01 要件定義とは

要件定義は、情報システム構築において、システムの利用者（ユーザー）と、提供者（ベンダー）が協力して行う最初の取り組みです。ここでは、要件の原石である要求について再確認しておきましょう。

● そもそも「要件」「定義」とは

日常会話では「要件」という言葉をあまり使いませんが、そもそも「要件」とは何でしょうか。辞書で調べてみると、「要件」とは「求められる条件のこと」と書かれています。

「定義」とは、「物事の意味・内容を他と区別できるように、**言葉で明確に限定する**こと」であり、英語の辞書で調べてみると、defineの接頭辞de-は「完全に」、-fineは「**範囲を明らかにする**」という意味があります。

改めて、「要件定義」とは、「ユーザー企業の事業目標の達成のため、情報システムに求められるものを定め、その範囲を明らかにすること」といえます。まさに、これが本書で説明しようとしている「要件定義」です。

● 合理的な判断が求められる要件定義

「要件」に似た言葉に、「要望」や「要求」があります。日頃、「要望」は、「『こんなのがあるといいな・・・』ぐらいの弱いお願い」、また、「要求」は、「『これが必要』という、ある程度強い依頼」のように使い分けています。

■「要件」に似た言葉「要求」「要望」

「要望」には、個人の単なる夢やわがままも含まれていることがあり、組織で実現に向けて**取り組む価値があるかどうか吟味**しなければなりません。

「要求」については、限られた予算のなか、全てを叶えることはできないので、**本当に必要なものを厳選**しなければなりません。こうして絞り込まれたものが「要件」なのです。

■絞り込まれたものが「要件」

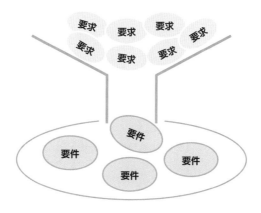

では、誰が、何を基準に「必要不可欠」と判断するのでしょうか？異なる利害をもつ関係者から出された要求に対して、ひいきや不公平なく判断するのは非常に難しいものです。要件定義では、関係者がその判断に納得できるような**合理的な理由**が求められます。

◉ 隠れた要求を掘り起こして分析

　ユーザーは、漠然と「問題があるな」と感じていてもうまく表現できないことがあります。また、問題そのものに気づかないこともあります。或いは「口に出して言わなくても常識でわかるだろう」という「暗黙の要求」もあります。これらは、「要求」として表に出てこないので、「要件」にもリストアップされません。

■ 隠れた要求を掘り起こす

イメージはあるけれど
うまく伝えられないこと

本当は
気づいていないと
いけないけれど、
気づいていないこと

今さら、言葉で
いわなくても
わかるでしょ

想いはあるけれど
言葉に
できないこと

　要件定義をリードする皆さんは、このような**隠れた要求も、上手くインタビューして、掘り起こしていかなければなりません。**プロとして高いコミュニケーション能力が必要となります。

◉ 要求のグローバル標準

　要求や要件についてグローバルではどのように扱われているのでしょうか。PMI®（Project Management Institute）という国際組織が、PMBOK®（Project Management Body of Knowledge）という知識体系をまとめあげ、世界中のプロジェクトマネージャたちが活用しています。要件定義の領域では、PMI®（Project

Management Institute) と、IIBA® (International Institute of Business Analysis) という2つの国際組織がそれぞれ知識体系をまとめあげています。PMI® のPMIビジネスアナリシスガイドと実践ガイド、IIBA® (International Institute of Business Analysis) によるBABOK® (Business Analysis Body of Knowledge) がよく知られています。これらの知識体系の中では、要求は、「誰が出した要求か？」という視点で、**ビジネス要求・ステークホルダー要求・ソリューション要求**の3つと、特殊な移行要求の計4つに分類されています。

■ 要求や要件の分類

PMI®のThe PMI Guide to Business AnalysisやIIBA®のBABOK®での分類		本書での分類
Business requirement	ビジネス要求	(注1)
Stakeholder requirement	ステークホルダー要求	業務要求、要件
Solution requirement	ソリューション要求	システム要求、要件
functional requirements	機能要求	機能要求、要件
non-functional requirements	非機能要求	非機能要求、要件
Transition requirements	移行要求	(注2)

注1：本書では、事業の目的や目標として扱います。
注2：本書では、非機能要求の移行要求の中で扱います。

本書のChapter 3で説明している「業務要求」は、「ステークホルダー要求」に、Chapter 4とChapter 5で説明している「システム要求（機能要求、非機能要求）」は「ソリューション要求」に相当しています。

まとめ

▶ 要求から要件を絞り込むとき、合理的な判断が必要。

▶ 要求分析では潜在的な要求や暗黙の要求を掘り起こす。

▶ 要求を引き出すため、高いコミュニケーション能力が必要。

02 要件定義の位置づけ ～ いつ決めるのか ～

要件定義は、システムの初期段階で実施されます。いつ開始されるかだけではなく、システムの構築プロジェクトやライフサイクルの中での要件定義の位置づけを確認し、作業が行われる状況をイメージアップしてみましょう。

● システム構築での位置づけ

　システムの開発工程は、しばしば次の図のようなV字モデルで表されます。図の左上の「システム化企画」を受けて、システムで実現すべきことを定義し、設計を経てプログラミングで実装します。その後、各種テストを行い、定義した内容が実現できそうか、また、事業の目標が達成できそうかを確認します。

■ システムの開発工程 (V字モデル)

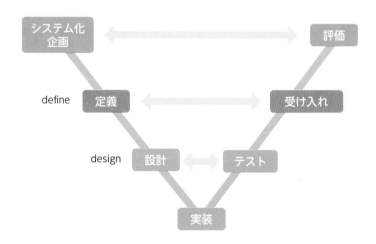

　V字モデルで示される開発スタイルは、企画→定義→設計→実装、というように、手戻りなく進めることを前提としています。滝のように上から下へ流れていくことから、「ウォーターフォール・モデル」と呼ばれます。

　ウォーターフォール・モデルで、「システム化企画」や「要件定義」は、「上流工程」に位置づけられます。後戻りできないので、**早い段階からきっちり作り込んでいく**必要があります。

　V字モデルに図示された水平の矢印の両端は、ペアになっています。左側で作成したものを、右側でテストします。もし、設計に不具合がある場合、実装後のテストで発見され、すぐに対処できます。しかし、要件定義の不具合は、設計からテストの間では検出されず、完成間際の受け入れ時に初めて発覚します。この段階で修正すると、多くのテストをやり直さなければならず、時間や手間が相当かかってしまいます。うっかりミスした！ではすみません。

　さらに、要件定義は、システム構築のかなり早い段階で行われるため、要求がまだ曖昧なことが多いのも実情です。このような**手探り状態の中であっても、正確で、抜け漏れのない定義**が求められるのです。

● システムのライフサイクルの中での位置づけ

　次にシステム全体のライフサイクルの視点で見てみましょう。「システムのライフサイクル期間」とは、システムの構想・企画、構築から運用・保守を経て除却するまでの「システムの一生」を指します。

■ システムのライフサイクル

システムは、V字モデルで示されるプロジェクトが終わった後、いよいよ本番運用が始まり、システムの真価が試されます。目まぐるしく変わる事業環境の中で3年、5年、それ以降もずっと**役に立ち続けることが期待**されます。要件定義は、システムのライフサイクルの中でも早い段階で行われますが、将来のビジネス動向を先読みして、それに応える内容や、柔軟に対処できる仕組みを定義することが求められます。要件定義の担当者は、事業や業務の**実務担当者とITの専門家との橋渡し役**に位置づけられます。ITの知識だけではなく、事業や業務についても無関心ではいられません。また、「開発して無事リリースすればおしまい」という取り組み姿勢は不十分です。

■ 組織の中の階層構造

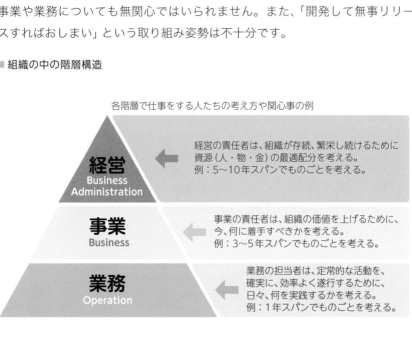

各階層で仕事をする人たちの考え方や関心事の例

経営
Business
Administration

経営の責任者は、組織が存続、繁栄し続けるために資源（人・物・金）の最適配分を考える。
例：5〜10年スパンでものごとを考える。

事業
Business

事業の責任者は、組織の価値を上げるために、今、何に着手すべきかを考える。
例：3〜5年スパンでものごとを考える。

業務
Operation

業務の担当者は、定常的な活動を、確実に、効率よく遂行するために、日々、何を実践するかを考える。
例：1年スパンでものごとを考える。

COLUMN　ビジネス構想から企画立案まで

　システムのライフサイクルの起点から要件定義に至るまで、ユーザー企業内ではどのようなことが行われているのでしょうか。ある例で見てみましょう。

　まず、事業部門が新しいビジネスプランを構想します。その目標達成のために情報システムを活用する場合は、システム化の企画とその構築費用の試算を社内の投資審議委員会に提出します。そこで承認されると要件定義にコマを進めます。

　ユーザー企業においては、ビジネスプランの実現こそが目的です。同じタイミングでシステム化企画を出し、情報システムには大きな期待を寄せていますが、情報システムは、あくまでもビジネスの目標達成のための手段にすぎません。事業責任者にとって、手段はビジネスに貢献できるものでないと意味がないのです。ベンダーもシステムを完成させるだけで満足せず、ユーザーと同じ視点を持つことが必要です。

■ 要件定義の前にユーザー組織で行われていること（一例）

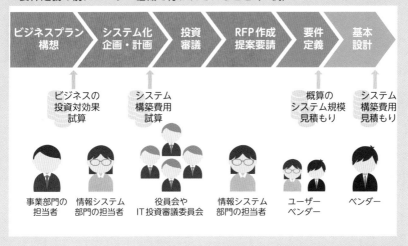

要件定義や設計をベンダー企業に委託する場合、「請負契約」と「準委任契約」の2通りの契約形態があります。両者の大きな違いは、成果物納品の義務の有無です。

　請負契約ではベンダーは仕事（受託業務）の完成（成果物納品）の義務を負うのに対し、準委任契約ではベンダーは、仕事の完成についての義務は負いません。ただし、契約期間中に明らかにサボったり、プロフェッショナルな支援ができていないと判断された場合など善管注意義務違反がある場合には、損害賠償責任の対象になります。

　実際どちらの契約形態を採用するかは、プロジェクトや案件の内容に応じて協議して決めます。ちなみに、経済産業省の「情報システム・モデル取引・契約書（2007.4）」には「要件定義は準委任契約にする」とガイドがあります。

契約形態	成果物納品の義務	作業場所
準委任契約	受託業務の完成（成果物納品）の義務を負わない。 善管注意義務がある	ユーザーの職場で 作業することが多い
請負契約	受託業務の完成（成果物納品）の義務を負う	ベンダーの職場で 作業することが多い

　日本情報システムユーザー協会（JUAS）の2016年ソフトウェアメトリクス調査（約400件を対象にした調査）によると、V字モデルの中で要件定義の実施期間は、全期間の20%前後です。工数については、10人月未満の小規模プロジェクト（新規開発）では約20%、それ以上のプロジェクトでは9.5~12.5%と報告されています。要件定義は、期間は比較的しっかり確保されているものの、少数精鋭で実施されている様子が伺えます。

COLUMN　欧米と日本のSEの違い

　ユーザー企業の情報システム部門のSE数と、ベンダー企業のSE数の割合について、欧米では4人中3人が前者、1人が後者です。日本は全く逆で1人が前者、3人が後者だといわれています。欧米では、たいていのユーザー企業は自社内にSEを抱えているので、自社の要件を自社内で定義することができます。要件定義のノウハウも自社に蓄積されます。自社の問題を自社内で解決することができ、運用に入るとシステムが事業に貢献できているか否か、実感することができます。

　一方、日本の場合、ベンダーから派遣されたSEが、ユーザー企業に席を借り、ユーザー企業の担当者とともに要件定義を行いますが、ユーザーと同じ視点で、その企業の事業戦略や目標を理解するのは容易なことではありません。まして、SEは「業務」には精通していても、「事業」となると勉強不足であることが多く、また、構築プロジェクトの完了後は、運用の成果を確認することなく去ってしまうので、「事業に貢献するシステム」といっても、実感が持てないのも事実です。

　さらに、要件定義のスキルについて、SEを派遣したベンダーに要件定義のノウハウが残らないわけではありませんが、組織としての財産にはなり難く、SE個人のスキルに留まってしまいがちです。

　これらは、経済産業省の「DX（デジタルトランスフォーメーション）レポート～ITシステム「2025年の崖」の克服とDXの本格的な展開～」の中でも日本独特の問題として指摘されています。国際競争の中での日本の現状を理解した上で、要件定義の機会に、ユーザー企業の事業にもっと興味、関心を持つなど、一人ひとりが取り組み姿勢を見直してみるなど試みたいところです。

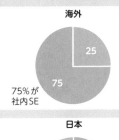

海外

25

75

75%が
社内SE

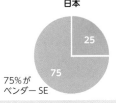

日本

25

75

75%が
ベンダーSE

まとめ

▶ 要件定義はシステム構築の早い段階で行われ、要求は曖昧。

▶ 手探り状態の中でも、正確で抜け漏れのない定義が求められる。

▶ ビジネス動向を先読みし、柔軟に対処できる仕組みの定義が必要。

03 要件定義への取り組み姿勢 〜 誰が決めるのか 〜

要件定義では、ユーザーは定義に責任を持ち、ベンダーは作業をリードするという複雑な関係を保ちながら作業を進めます。ユーザーとベンダーの二人三脚が欠かせません。協働について「役割分担」と「責任」の観点から解説します。

● ユーザーとベンダーの役割分担

　システム化企画の実現に関わる人は、システムの「利用者」と「提供者」の2つに分類されます。

　システムの利用者とは、仕事でシステムを利用する社内の業務担当や、インターネット経由でシステムを利用する社外の顧客や一般消費者などで、エンドユーザーと呼ばれることもあります。

　システムの提供者とは、ユーザー企業の情報システム部門や、ベンダー企業のSEが挙げられます。ベンダー企業とは、ユーザー企業の情報システム子会社、外部のSI事業会社、システム開発会社などです。

　システムの提供者について、V字モデルの中での役割分担を見てみましょう。プロジェクトの契約に応じていくつかのパターンに分かれます。代表的な例を図に示します。

■ ユーザー企業（赤）とベンダー（緑）の関係

パターン1

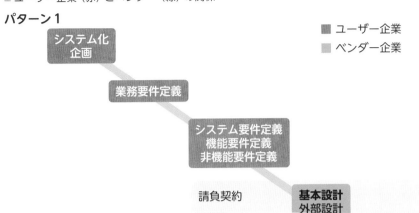

「システム化企画と要件定義」はユーザー企業の情報システム部門が担当し、「設計、実装、テスト」はベンダー企業に委託します。

パターン2

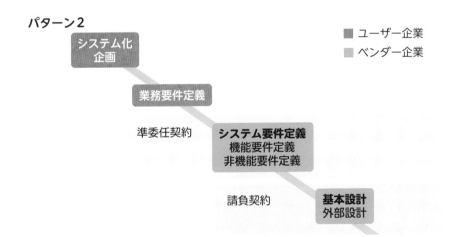

　要件定義を2つの部分（業務要件とシステム要件）に分け、「システム化企画と業務要件定義」は情報システム部門が担当し、「システム要件の定義」と「設計、実装、テスト」をベンダー企業に委託します。官公庁の案件に多いパターンです。

パターン3

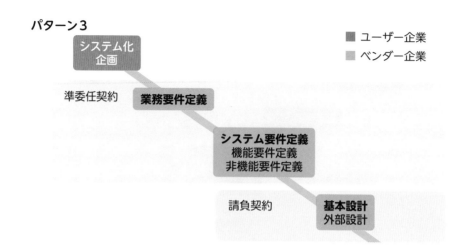

■ ユーザー企業
■ ベンダー企業

システム化
企画

準委任契約 　**業務要件定義**

システム要件定義
機能要件定義
非機能要件定義

請負契約 　**基本設計**
外部設計

　「システム化企画」のみユーザー企業が行い、要件定義以降をすべてベンダー企業に委託します。日系企業の案件に多いパターンです。

　本書では、特にことわりがない限り、パターン3を前提に説明しています。

● 要件定義に責任を持つのは誰か？

　全てのパターンにおいて、「設計、実装、テスト」はベンダー企業が主体となり、責任を持ってシステムを構築します。情報システム部門は発注者としてシステムの完成を待ちます。

■ 要求の発生源

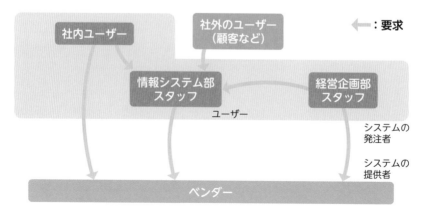

社内ユーザー　　社外のユーザー
（顧客など）　　←　：**要求**

情報システム部
スタッフ　　　　経営企画部
スタッフ

ユーザー

システムの
発注者

システムの
提供者

ベンダー

　一方、パターン2と3について、要件定義は、ユーザーとベンダーが協働で取り組みます。ユーザー企業はベンダー企業にお金を払って委託しているのですが、ただ要件定義の完成を待てば良いという訳ではありません。あくまでも**ユーザー（情報システム部門）**が主体となり、**ベンダーは支援者**の位置づけです。

　しかし、現実的には、人数不足やシステムの専門知識や経験不足のため、情報システム部門が主体的に要件定義を行うことは難しく、ベンダーの積極的な支援が欠かせません。**ベンダーのSEがガイド役となって要件定義をリード**します。

　「設計、実装、テスト」の場合は、仕様書があれば、第三者にまるごと仕事を委任することができますが、要件定義の場合、自組織の「要件」は、自組織でしかまとめられないものです。第三者にまるごと委任する性質のものではありません。情報システム部門とベンダーとの間には長年の付き合いで馴れ合いが発生してしまいがちですが、「要件定義」と「設計、実装、テスト」期間中の関係は同じではないことを、双方、正しく認識することが必要です。

まとめ

▫ **要件定義は、ユーザーとベンダーが協働で取り組む作業。**

▫ **要件定義は、ユーザーが主体、ベンダーは支援者の位置づけ。**

▫ **ベンダーがガイド役となって要件定義をリードする。**

04 要件定義作業フェーズの全体像

要件定義の作業は、6つのフェーズから構成されます。それらのフェーズを組み合わせ、切り替えながら、案件ごとに工夫し、調整（テーラリング）します。ここでは、6つのフェーズの全体像を解説します。

● フェーズの種類

要件定義の作業は、次の6つのフェーズで構成されています。

■ フェーズの種類

システム化企画を読み込み、ユーザーの要求やユーザー企業の組織の特徴などに理解を深め、協働の準備を整えます。

本番稼働後も、システムの改変や、将来の事業の見直しや拡張に備えて要求をメンテナンスします。

要件定義でやるべき作業をリストアップし、ユーザーとの協働がスムーズにすすむよう段取りします。

打ち合わせ結果に対してユーザーとベンダーの合意を確認し、最後に、意思決定者の承認を得ます。

ユーザーの要求やシステムに関する要求を引き出し、構造的に整理し、分析します。

分析された要求について、事業目標の達成に寄与するか否かを吟味しながら、「要件」として網羅的に定義します。

本書で「フェーズ」とは、ひとまとまりの作業、またはそれらの作業を行う期間を意味します。複数の作業を含む大きなフェーズもあれば、単独の作業しか含まない小さなフェーズもあります。

● フェーズの進め方

これらのフェーズは、**順番通りに一度ずつ実施されるとは限りません。**

例えば、段取り、分析、定義のそれぞれの後に合意フェーズを実行すること
もあれば、業務要件定義、システム要件定義のそれぞれの後に承認フェーズを
実行することもあるなど、さまざまなバリエーションがあります。

● 要件定義完了時点での到達目標

定義が完了し、ユーザーに要件定義を承認してもらったら、次の「設計」に
移ります。要件定義を行ったベンダーが、引き続き「設計」を請け負うことも
あれば、他のベンダーが「設計」を担当することもあります。

いずれにしても、ユーザー企業は、新たな「設計案件」の契約のために見積
もりを行い、そのための情報が必要です。

要件定義の完了時点で、**システム規模の見積もりができ、「設計」作業に必要
な情報の引継ぎができること**を目指します。

■ 要件定義完了の状態

システム規模が見積もれる具体性

設計工程の作業を進められる詳細度

まとめ

▷ **要件定義完了時点で、システム規模が見積れる情報が揃う。**

▷ **要件定義完了時点で、設計工程に着手できる情報が揃う。**

05 下調べ・段取りフェーズの概要

「段取り八分」という言葉が示すよう、要件定義の作業に着手する前の準備や計画の善し悪しは、要件定義の成否を左右します。要件定義の成功のために、どのような下調べや段取りが必要なのか、その考え方を解説します。

● 対戦型ゲームとの共通点

スポーツや囲碁将棋など対戦型のゲームでは、参加者は競技ルールに則って対戦し、全員が競技ルールを共有しています。

また、対戦中にイニシアチブをとり、ゲームの流れをコントロールするために、試合前に対戦相手をよく研究し、作戦を練ります。これらは、要件定義の作業の進め方に非常によく似ています。

要件定義の作業は、ユーザーと敵対して戦うものではありませんが、**相手の特徴を理解**し、**先手必勝の作戦を立てること**、が成功のポイントです。

下調べ・段取りフェーズでは、ユーザーをしっかり理解し、作業がスムーズに進むよう、要件定義作業の進め方を計画します。

■ 対戦型ゲームで相手を研究

要件定義でもユーザー企業の強みと弱みを理解し、協業をスムーズに

● 相手を研究して、試合運びを有利に

相手と同じ目標に向かって要件定義をするにあたり、ユーザー組織の事業目標や、システム化の対象範囲、組織の特徴などを下調べし、要件定義チームのメンバーのベクトル合わせをします。特に要件定義は、インタビューやディスカッションに参加してもらうため、組織の多くの関係者を巻き込むことが必要なので、報告や意思決定のスピード、稟議の回り方など、**組織の特徴をつかんでおくと仕事が進めやすくなります**。Chapter 2 で詳しく説明します。

■ 相手チームを分析して作戦を練る

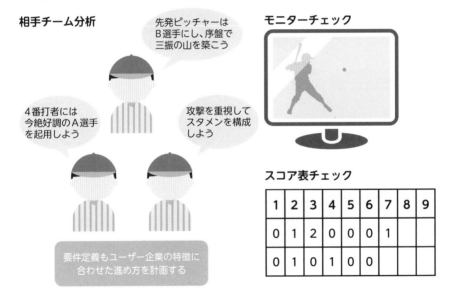

相手チーム分析

先発ピッチャーは B 選手にし、序盤で三振の山を築こう

4番打者には今絶好調のA選手を起用しよう

攻撃を重視してスタメンを構成しよう

要件定義もユーザー企業の特徴に合わせた進め方を計画する

モニターチェック

スコア表チェック

1	2	3	4	5	6	7	8	9
0	1	2	0	0	0	1		
0	1	0	1	0	0			

● 競技ルールを決め合意する

要件定義には、スポーツと異なり、業界公認の競技ルールはありません。要件定義の進め方について、チーム内でローカルルールを決め、合意を得て周知をはかる必要があります。具体的には、要件定義でやるべき作業を洗い出し、いつ、誰が、どのように取り組むかを計画し、スケジュールや役割分担などを文書化します。このとき、相手側に舵取りを任せると、相手の都合に振り回さ

れかねません。要件定義の主体はあくまでもユーザーですが、ベンダー側で段取りして、「このように進めましょう」と提案しながら、リードするのがお薦めです。**イニシアチブをとって進行**すると、**作業の流れをコントロール**でき、自分たちのペースも守り易くなります。

■ 進め方の基本ルール

衝突解消のため、ジャッジの基準を決めておく

対戦型ゲームで、ヒートアップして乱闘になることがあります。格闘技でもジャッジが難しいシーンで会場がざわつくことがあります。スポーツではケースごとに判定方法が決められています。

要件定義でも、衝突が発生しがちなシーンがあり、事前に関係者が納得できるような解消方法を決めておくと、スマートに乗り切ることができます。

具体的には、**優先順位付け**、**作業の開始・終了判定**、**合意・承認**の３つのシーンです。優先順位付けは、複数の候補から取捨選択を判定するシーン、開始・終了は、作業前の準備が十分整っているか否か、議論や分析が十分にできたか否かを判定するシーン、そして、合意や承認は、関係者が取り決め内容や、定義書の記載に異議なく合意、承認できたか否かを判定するシーンです。

それぞれシーン別に**判定のためのチェックリスト**を用意しておきます。もめ事が発生してから判定方法を考えるのではなく、**計画時点で予め準備**しておくのがポイントです。Chapter2で説明します。

ルールブック（判定基準）

□□の場合は、
役員会に一任する

○○の場合は、
多数決で決める

□ ・・・・・・・
□ ・・・・・・・
□ ・・・・・・・
□ ・・・・・・・

ＸＸの場合は、
コストが低い方
を優先する

▽▽の場合は、
早く効果が顕れる方を
優先する

要件定義着手前にルールを決めておく

まとめ

▣ 要件定義の着手前に、進め方のルールを決め、関係者と合意しておく。

▣ ベンダーが要件定義作業の流れをリードする。

▣ 要件定義中の衝突に備えて、予めジャッジの基準を決めておく。

06 分析・定義フェーズの概要

ユーザーから要求を引き出し、整理、分析して、最終的に要件として定義する過程で、多岐にわたる要求をまとめあげる作業の概要を解説し、このフェーズで特に重要視される「網羅」と「段階的詳細化」について解説します。

● 要件定義は、網羅が重要

分析・定義フェーズでは、まず、ユーザーから要求を引き出し、その要求を分析し、最後に要件として定義します。

「事業目標の実現のためにシステムに求められることを定義する」のが要件定義ですが、定義に偏りや抜け漏れがあると、目標の実現が危うくなる恐れがあります。**「網羅的に分析・定義すること」**が要件定義における必達目標です。

■網羅が重要

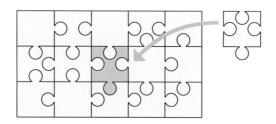

網羅するためには、まず、可能な限り隠れている要求を発掘して表に出すことが必要です。インタビューや集中討議セッションなどを通して、ユーザーから**広く深く要求を引き出します**（引出しはElicitationと呼ばれます）。

次に、引き出された要求に対して分析を行います。このとき、**言葉の裏に隠れた本音や、問題が意味するところを探る**ことが大切です。表面的な分析では、間違った解決策や対処療法的な策を導きがちです。また、局所的な分析では、応用も利かないからです。

最後に、分析結果を整理し、体系化して一覧表にまとめます。一覧化するこ

とで、**全体を俯瞰**することができ、偏りが発見し易くなります。また、ただ箇条書きで列挙するのではなく、階層構造（ツリー構造）で体系的に整理することで、階層のレベルごと（幹ごと、枝ごと）にチェックでき、抜け漏れが見つけ易くなります。

■ 要求の種類と質問の工夫

さまざまな角度から質問投げかける
触発する

念のため、確認を
怠らない

表明 ＼ 認識	なし	あり
なし	潜在 要求	暗黙の 要求
あり		顕在 要求

網羅的に整理
より正確に理解

● 段階的に詳細化を進める

要求を、業務面とシステム面に分け、それぞれを段階的に詳細化します。

■ 分析・定義フェーズの進め方

ユーザーの営業部門　　　ユーザーの情報システム部門

業務要求　　　　　　　　　　　　　　　　システム要求

まずは
こちらから

次は
こちらの番

なるほど
なるほど

はい
はい

ベンダーが舵取りして
段階的に詳細化をすすめる

　まず、事業目標を実現するための業務要求を分析し、業務要件を定義します。次に、業務要件を実現するための手段となるシステム要求を分析し、システム

要件として定義します。

　システム要求については、画面や帳票などシステム機能を分析・定義するとともに、それぞれに要求されるレベル、具体的には、どの程度の品質が求められるのかについても分析し、定義します。品質面の要求を非機能要求と呼びます。

ツリー図に表すと網羅が確認し易くなります。

■ 要件定義では幹の網羅が重要

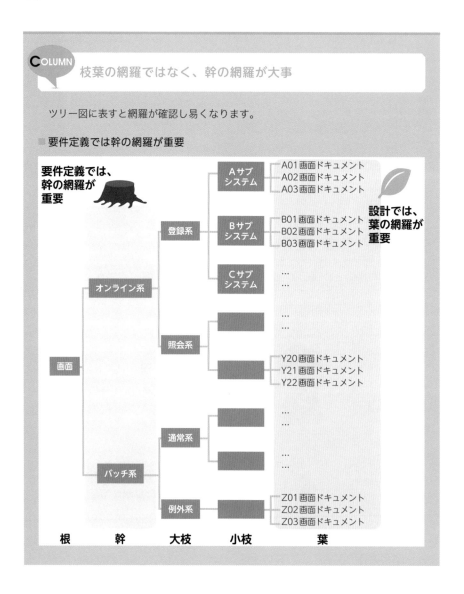

　ツリー図とは、樹木を、根が左端、葉が右側になるよう、横に倒した形状の図です。要素を根→幹→大枝→小枝→葉というようにトップダウンに分解して表します。

　幹や枝など、同じレベルで縦に並べて見たときに、ダブリや抜け漏れがないか確認するのに便利なツールです。

　要件定義で必要とする「網羅」は、「幹」レベルの網羅が必要です。全体を俯瞰し、パターンの分析漏れを防ぐことが目的だからです。「葉」レベルの網羅は設計工程で行います。

　たとえば、「幹」レベルで、「定期処理」「例外処理」と見出しをつけると、「定期」「例外」で全体をカバーしたと見なしやすいです。あるいは、「全社共通処理」と「部門固有処理」といった見出しでも良いでしょう。

　「反対語」や「対になる表現」を意識して見出しをつけることが網羅のポイントです。

まとめ

▷ **要件定義における必達目標は、網羅的に分析・定義すること。**

▷ **まず業務、次にシステムへと段階的に分析・定義を進める。**

▷ **システムは、機能とその品質についての要求も分析する。**

07 合意と承認・維持フェーズの概要

要件定義の過程で、ユーザーとベンダー間での取り決めの内容に対して合意を確認し、最終的に合意全体に対して責任者が承認を与えます。システム運用中には要求の変更に対応する仕組みが必要です。これらの一連の流れを解説します。

● 作業規模の見積もりの根拠を承認する

　要件定義の完了時点で、システム規模が明らかになります。この後、この規模に基づいてシステム構築の概算費用が見積もられ、次のシステム構築の契約へと進んでいきます。**要件定義の内容は、システムの概算費用見積もりの根拠**となります。そして、この根拠を、ユーザーの最高責任者が受け入れるのが「承認」です。

　さて、ここまで数週間、数か月に渡り、関係者（ステークホルダーと呼ぶ）と議論し、分析・定義した内容は、かなりのボリュームになります。承認を出す側にとって、分厚い定義書の隅々に目を通し、合否を判断するのは困難です。承認を受ける側も、最後の段階で否決されてしまうと、残された期限内に定義をやり直し、要件定義を完了させることが難しくなります。

　これを防ぐために、通常は、要件定義の途中に、関係者間で定期的に「合意」をとりながら作業を進めます。要件定義チーム内で、テーマごとに、理解を深め、**段階的に定義内容に合意を積み上げていく**のです。「合意」できない場合は、該当の部分に焦点を当てて議論しなおせばよいので、的が絞り易く、納得のゆく議論ができます。

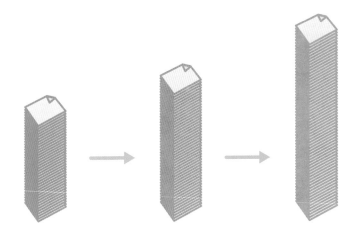

打ち合わせ内容に対して、こまめに合意を得る。合意を積み上げていく

　既に合意済みの内容については、正当な理由がないかぎり、白紙に戻したり、議論をやり直したりしない、というルールを、「段取り」フェーズで決めておきます。基本、議論を蒸し返さない進め方は、議論した内容が着実に決まっていくので、会議の参加者もその場その場で真剣に議論に取り組むことができます。

　「合意」は、こまめに実施することが薦められています。合意のタイミングで、定期的に、要件定義全体の進捗度合いを把握することができ、スケジュールに遅れが出そうになったとき、巻き返しが容易です。

● 合意と承認の違い

　合意は、打合せの関係者が、打ち合わせで決定した事がらに異論がないことを確認することです。打ち合わせのテーマごとに**合意内容を記録に残し、合意の記録を積み上げていきます。**

　承認は、ユーザー企業の意思決定者が、文書化された**合意の記録（要件定義書）に対して最終確認し、凍結する**ことです。

■ 合意と承認

合意
合意は、打ち合せ内容を合意する。定義の関係者が、打ち合わせのテーマごとに合意を記録に残す。

承認
承認は、合意内容を承認して、ベースラインを作成する。ユーザー企業の意思決定者が、要件定義（完成文書）に対して行う。

　承認は、忙しい意思決定者に「要件定義」の内容を正確に理解してもらわなければなりません。短時間で要点を伝えるために「ウォークスルー」と呼ばれる方法を実施します。ウォークスルーとは芝居では立ち稽古、建設では現場検証といわれるもので、全体を順番通りに「通し」で見てまわるという意味です。要件定義のウォークスルーでは、要件定義書に沿って、進行役が予めピックアップ済の要点を順番に説明し、**意思決定者に全体を「通し」で理解してもらいます**。進行役は、説明ポイントを要領よくまとめ、質疑応答のシミュレーションするなどリハーサルも行い、スムーズに承認が得られるよう、準備万端に整えておきます。

■ 承認の進め方

役員が承認し
易くするよう
ウォークスルーを実施

ベンダーの私が
ウォークスルーを
支援します

最終承認は
最高責任者の
私が…

● 要求を一元管理し、維持する

　要件定義の承認後は、安易に変更できないよう、定義内容は凍結され、次のシステム構築フェーズへ引き継がれます。これをベースラインと呼びます。

　しかし、システムが本番稼働に移り、運用が始まると、本案件を取り巻く事業環境が変わり、事業目標そのものが変更されることも多いに有り得ます。また、システムの利用者が、システム化の企画時点と全く異なるニーズを口にし出すこともよくあります。このような場合は、要件定義の凍結内容に対して再検討が必要です。

　要求や要件は、長い目でみると「変更はあり得る」が基本的な考え方です。**変更の要求に対しても、機動的に、柔軟に対応する**ことが求められるのです。将来の変更時に、既に実現済みの要求の分析や定義を再利用したり、新たな対応を考える上でベースになるよう、**要求を一元管理・維持（メンテナンス：改変を更新する）します。**

■ 要求の一元管理

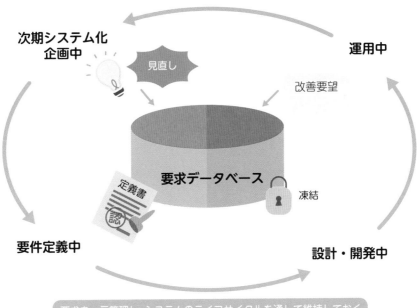

要求を一元管理し、システムのライフサイクルを通して維持しておく

社交ダンスや競技ダンスで大切にされる「パートナリングスキル」。ダンスでは女性はパフォーマンスを100%発揮して踊り続ける、男性はパートナーの進む方向や、タイミング、スピードを決めてそれを伝える。決して、男性は、自分のダンスに気をとられてはならないし、パートナーを操ろうなんて考えてはいけないとのこと。要件定義において、ユーザーとベンダーの関係に置き換えるならば、ユーザーは女性役、ベンダーは男性役。ベンダーはユーザーをリードしますが、リードとは、進む方向、タイミング、スピードを決めてそれをユーザーに的確に伝えること。ベンダーは、自分の作業に気をとられて、ユーザーを置き去りにしてはならないし、ユーザーを操ろうとしてもだめ、ということです。

リーダー（ベンダー）は、

方向

タイミング

スピード

をパートナー（ユーザー）に伝える

 まとめ

▷ 担当者が各打合内容に合意し、責任者が要件定義全体を承認する。

▷ 要件定義の内容は、作業規模の見積もりの根拠になる。

▷ 将来の変化に対応できるよう、要求を維持管理する。

要件定義の下調べ・段取りフェーズ

お客様のマイナ・バード旅行社の案件について、いよいよ要求定義を開始します。事前にお客様から入手した資料に目を通すだけではなく、先方組織の構成や文化についても下調べが必要です。要件定義作業のラフなスケジュールも考えておきたいものです。さっそく、作業着手前に欠かせない下調べや段取りについて詳しくみてみましょう。

08 下調べ・段取りフェーズの全体像

要件定義の作業に着手する前に必要な事前準備や計画について、何をやるべきかを解説します。ユーザーから入手するシステム化企画書に目を通すだけでなく、ユーザー組織についての下調べや段取りの整え方を具体的に示します。

● 作戦を練って、ゲームの流れをコントロールする

　要件定義を対戦型スポーツのゲームにたとえ、競技ルールに従って進めること、対戦相手をよく研究して、作戦をしっかり立てること、衝突が発生した場合は、ジャッジに従い、お互いに納得して解消することを述べました。

　下調べ・段取りフェーズでは、まずユーザーを研究し、**ユーザーに適したやり方**で、要件定義作業が進められることを目指します。

　衝突発生時には、ジャッジに従いスマートに衝突解消、双方の納得を重視した解決を図れるよう、事前に調整すべきことを段取りしておきます。

● 下調べフェーズの構成要素

　まずは、ユーザーの状況をより深く知るために下調べし、要件定義チームで共有します。本Chapterの前半のセクションで次の3点を説明します。

■ 下調べフェーズの構成要素

事業目標の共有	プロジェクトの目標をユーザーと同じ視点で共有します。
対象範囲の確認	プロジェクトを取り巻く環境や背景を理解し、その中で、本プロジェクトの対象範囲を確認します。
ステークホルダーの認識	本案件に直接関係するステークホルダーだけでなく、間接的に関わり、影響を与えたり、与えられたりする人やグループを認識します。

● 段取りフェーズの構成要素

　要件定義の基本的な進め方を決め、待ち時間や作業の手戻りなど無駄な手間や時間が発生しないように段取りを整えておきます。本Chapterの後半のセクションで次の3点を説明します。

■ 段取りフェーズの構成要素

進め方の策定	作業内容を洗い出し、役割分担やスケジュールなど策定します。
ジャッジのための基準づくり	要件定義の作業中に衝突が発生した場合の解消方法を予め策定しておきます。
計画書の作成	段取り時に決めた内容を計画書にまとめ、チーム内で共有します。ユーザーにしっかりと説明して不都合がないか確認し、合意を残します。

● さくっとウォーミングアップ、想定外を少なくする

・下調べは、手間や時間をかけすぎない

　下調べは、段取り決めのウォーミングアップの位置づけです。図や資料を作成することが目的ではありません。情報の収集は準備期間中に収集を始め、要件定義期間全体を通して徐々に情報を加えていきます。

・段取りは、作業の全容把握に努める

　作業範囲や予想所要時間について、浅く広く見通しを立て、**想定外のことが発生する芽を摘んでおきます**。ユーザーにも共有します。相手の想定外を少なくすることにも役立ちます。

まとめ

■ 組織のコミュニケーションの特徴を理解するため、情報の流れに注目して下調べしておく。

■ 組織の意思決定のスタイルに注目して要件定義の計画策定に役立てる。

09 事業目標の共有

ユーザー企業にとってシステム化企画は、事業の目標を達成するための手段のひとつです。ユーザーとの協働をうまく進めるため、ユーザーの事業の目標を、ユーザーと同じ視点で共有する方法を解説します。

⊙ ユーザーの事業の全体像を理解する

　システム化企画について、**ユーザー組織の目標をしっかりと共有**します。どのような事業の展開を期待しているのか、そのストーリーの中でこれから構築しようとするシステムがどのように貢献するのか？目標達成までの道筋を要件定義チーム内で共有します。

　ユーザーの担当者を巻き込んで共有を進めることが理想なのですが、その機会がない場合は、会社案内、事業報告書などウェブサイトに公開されている資料を利用することができます。採用ページの会社、事業の紹介は、学生に分かり易く説明したページであり、企業側も力を入れているので、特にお薦めです。

　ここで、文章に目を通すだけではなく、チーム内でわいわいがやがやと「ワーク」をし、「各自が頭で理解する」というより「メンバーに印象を共有させる」のがポイントです。次に紹介する「戦略マップ」というツールを使って理解を深めてみましょう。

⊙ 事業目標とシステム化の達成目標を因果関係で可視化する

　戦略マップは、ユーザーの事業の目的や目標を一枚の図で俯瞰するもので、事業の戦略目標を因果のストーリーで表現します。企業の成績通知表である「BSC：Balanced Score Card」という手法の中の１つのツールで、国内外の企業で広く使われています。

■ 戦略マップ：個々の【目標】の因果関係を理解する

バランス・スコア・カードの4つの視点に対して、
企業の目的、戦略目標、さまざまなビジネス要素の関係を、因果関係で表す図

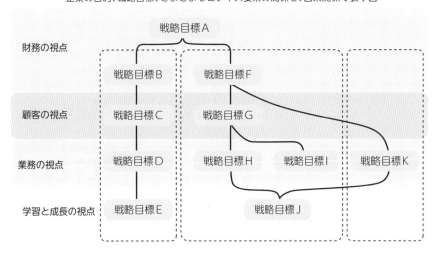

事業の目的を実現するために、複数の戦略目標を掲げます。それらの戦略目標が有機的に絡み合って**成果に結びついていく様子を、因果関係**で表します。

■ 事業の目的と目標

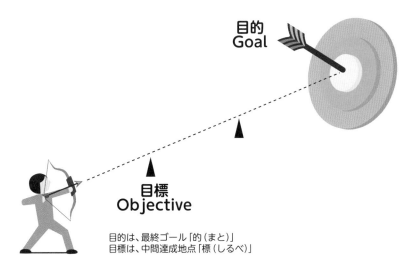

目的は、最終ゴール「的（まと）」
目標は、中間達成地点「標（しるべ）」

047

一般に、要件定義書を作成するとき、「システム化の目標」の欄は、ユーザー企業提供の「システム化企画書」から転載して終わりということが多く、ベンダーのSEはあまり興味を示さない部分でもありますが、目標の理解が不十分だと、ユーザーに役立たないシステムを作ってしまう恐れがあります。また、目標の理解は、要求から要件へ取捨選択の判断をする際、「システム化の目標」に貢献するか否かの判定の基準づくりに役立ちます。

■ 事業目標を要件定義チームで共有する

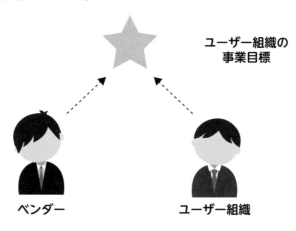

ユーザー組織の
事業目標

ベンダー　　　　　　ユーザー組織

まとめ

- ▶ 目標の理解が不十分だと、ユーザーに役立たないシステムを作ってしまう恐れがある。
- ▶ 目標達成までの道筋を、戦略マップを使って因果関係で理解する。
- ▶ ユーザーの事業目標を一枚の俯瞰図で、ユーザーと共有する。

ユーザー理解に役立つツール

　分析を始めたばかりでまだ多くのことが不明な段階では、マインドマップという
ツールが役立ちます。マインドマップは、アイディアや情報を可視化するツールで、
ユーザーと会話を交わし情報を引き出しながら、その場でフリーハンドで気楽に作図
を進めます。

　テーマについて、特定部分を恣意的に深掘りしたり、時には脱線して想像を膨らま
せたりと、枠をはめない自由なセッションは、共有のスピードが上がったり、互いに
触発されて発想が膨らんだり、とさまざまなメリットがあります。

　巻末の付録に作図例があるので参照してみて下さい。

Exercise　ケーススタディ　～マイナ・バード旅行社の事業拡大～

　マイナ・バード旅行社は、国内現地ツアー予約サービスを提供するウェブサイトを
運営する旅行業者です。従来は、国内居住の旅行者を主なターゲットにしていました
が、今後、インバウンド（海外から日本に訪れる）旅行者へターゲットを拡大し、事業
の拡大を目論んでいます。

1．当社ウェブサイトを複数言語対応にし、サービス利用者の会員管理を行う。
2．会員に携帯アプリで翻訳サービス（マイナ・トーク）、写真投稿サービスの提供を
　　行う。
3．「マイナ・トーク」利用者の国内の立寄り先を収集し、行動分析を行う。

　先日、マイナ・バード社の情報システム部門担当者と面談し、同事業の目標を実現
するためのシステム構築について、説明を受けました。次の新システム構築と、情報
技術の活用を考えています。

　・新システム　　　会員を管理するシステム、会員の行動傾向を分析するシステム
　・情報技術　　　　GPS, AI, IoT

マイナ・バード社へのインタビューで明らかになった事業の目標は次の通りです。
〜マイナ・バード社の事業拡大、戦略目標と懸念〜

①海外在住の会員数を増加させたい。
②会員が増えることで、年会費収入の増加をめざしたい。
③国内外の観光商材提供事業者（以下、同業事業者）ネットワークを拡大したい。
④同業事業者が増えることで、取引が増え、手数料収入の増加をめざしたい。
⑤会員に対してサービスメニューの拡充。
⑥顧客満足度を向上させたい。
⑦会員に対して最適な商材を開発したい。
⑧サービスの差別化のため、会員の行動履歴情報を解析して活用したい。
⑨行動履歴調査のための情報収集を効率化したい。
⑩解析ができる人材の育成が必要。
⑪解析のノウハウを蓄積していきたい。
⑫AIやIoTを活用したい。
⑬オペレーションコスト増加が懸念される。

Exercise　戦略マップの作成手順

次の手順で、ワークシートの空欄を埋めてみましょう。
1．①〜⑬の戦略目標を、次のページの作成用ワークシートに展開し、「財務」「顧客」「業務プロセス」「学習と成長」の視点に分類します。
　※「学習と成長」は、本書では「組織の能力」と置き換えて理解しましょう。

2．戦略目標の付箋間に、「原因」と「結果」関係を見つけて→でつなぎます。
　→の起点が「原因」、→の終点が「結果」です。全体がほぼ出来上がったら、頂点から下へそれぞれの矢印を辿り、接続詞「そのためには」を補いながら、付箋内の目標を読み上げ、ストーリーがつながるか確認します。

3．同様に、付箋の底辺から頂点へ向かって、矢印を辿り、接続詞「その結果」を補いながら、付箋内の目標を読み上げ、ストーリーがつながるか確認します。
　※因果関係が弱くストーリーがつながりにくい箇所は、自分で考えて付箋を追加したり、付箋内の表現を変えてもかまいません。

⑤〜⑬を使って図右側の赤枠内を完成させてください。解答例はChapter 2の最後のページ参照。

■ 戦略マップ作成用ワークシート

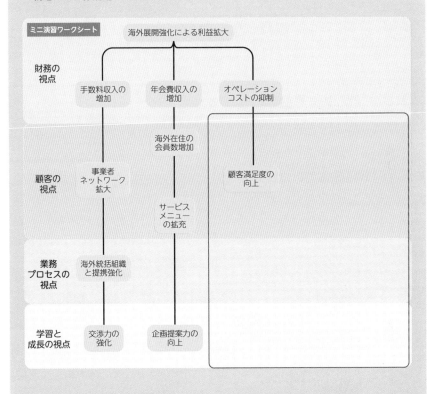

10 対象範囲の確認

要件定義そのものの作業ボリュームを見通して担当者の手配を行います。また、最終的には要件定義でシステム構築の規模を見積もります。いずれもそれらを確定するために対象範囲の特定が必要です。

● トップダウンで全体像を捉える

　今回、企画されているシステムが、ユーザーの事業の中で、どこに位置づけられるのか、事業を幅広く観察し、俯瞰します。要件定義は、**対象のシステムの範囲を明確にする**ことが目的のひとつですが、その捉え方は、**全体から捉えるトップダウンのアプローチ**が重要です。即ち、「今回のシステム企画はこの範囲。そして、周辺環境はこうなっている」ではなく、「事業の全体像はこんな感じ。その中で今回システムはこの部分」という捉え方です。

■ 全体像を俯瞰する

空高くから地面を俯瞰

● エコシステム・マップでシステムの相互作用を捉える

　エコシステム・マップは、今回のシステム化に関係する利害関係者やシステムの相互作用を示す図です。

　事業活動全体を捉えるために、今回のシステム化に直接関係しない関係者やシステムも図に含めることがあります。できれば、ユーザーを作図の作業に巻

き込んで、モノやお金の動き（物流、金流）を追いながら、そこで流れる情報（商流）を図に描いていくとよいでしょう。

ユーザーとのやりとりを通して、そのビジネス領域で使われている用語や、慣習などを理解する機会にもなります。

■ エコシステム・マップの例

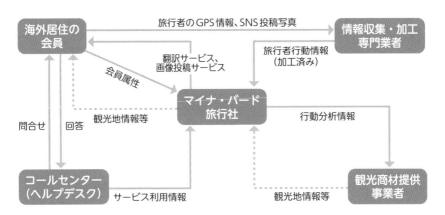

エコシステム・マップは、四角形の中に利害関係者やシステムを書き、その間の情報のやりとりを矢印で示します。情報が処理される順番は特に気にする必要はありません。図を描くにあたって細かい規則がないので、作図や理解が容易です。

● コンテキスト図でデータの所在を追う

全体像を俯瞰するツールは、**コンテキスト図**もよく使われます。これは、DFDのLevel 0と呼ばれることもあります。

DFDとは、Data Flow Diagramの頭文字をとったもので、従来、基幹系システム構築当時、構造化設計技法のツールで広く使われていました。Level 0からLevel 1、2・・と段階的に業務を詳細化して表していくのに便利なツールです。

コンテキスト図では、データの流れに注目します。データの発生元、収集先、蓄積先を明らかにします。それらの間に流れるデータにラベル（見出し）をつ

けて、流れを明らかにします。エコシステム・マップと用途は似ていますが、エコシステム・マップと異なり、今回のシステム化に関係する部分のみが対象になります。また、簡単な図ではあるものの、先に完成図を見せられると、ITの専門的な図に見えてしまいがちで、ユーザーから見ると、やや敷居が高く感じられることもあります。ユーザーと目の高さを合わせながら、**一緒に（共同作業で）描いていく**のがおすすめです。

■ DFD（レベル0）の例

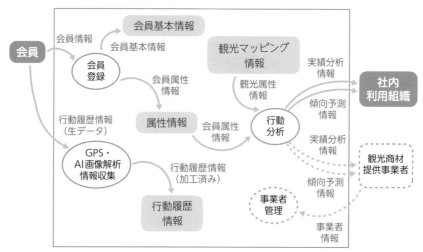

注：点線部分は将来構想

　作図の際、データの流れを追っているうちに、つい処理の流れを、発生順に（時系列に）描いてしまいがちで、フローチャートのようになってしまうことがあります。コンテキスト図は、処理の流れを理解するツールではなく、情報の所在を捉える図です。目的が異なるので、しっかりと描き分けるようにしましょう。

　今回の下調べ段階では、Level 0を作成すれば十分です。**細かい点に目を向けず、俯瞰に集中しましょう。**

● 作図の目的と効果

　作図された図を前に置き、データの流れを指し示しながら、自分たちの認識や理解に不足がないかユーザーに確認・共有することが、図を活用する目的でありメリットです。成果物として残すことが目的ではありません。

　作図ツールは、基本的には慣れ親しんだものを使うとよいのですが、ユーザーが**直観的に理解できるツールを優先する**のがポイントです。**早い時期から協働の習慣**がつくと、要件定義の作業全般が進めやすくなります。

■ 作図の目的と効果

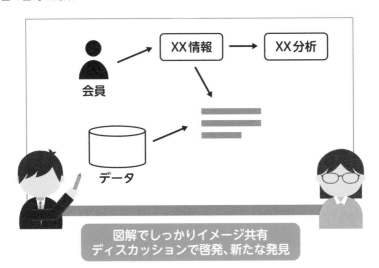

会員　XX情報　XX分析

データ

図解でしっかりイメージ共有
ディスカッションで啓発、新たな発見

✏️ まとめ

▶ **対象範囲の全体像をトップダウンで捉える。**

▶ **エコシステム・マップでシステムの相互作用を捉える。**

▶ **コンテキスト図でデータの在り処と流れを捉える。**

11 ステークホルダーの識別

要件定義は、ユーザーの巻き込みが欠かせません。さまざまな関係者（ステークホルダー）の特徴や立場を理解すると、要求の引き出しや意見交換、意思統一をスムーズに進めることができます。ここでは、関係者を識別する具体的な方法を説明します。

● 組織の活動や文化を理解する

　要件定義は、ステークホルダーから要求を収集することに始まり、ステークホルダーに役立つシステムの定義まで、さまざまなシーンでステークホルダーが関係します。まず本案件について、どのようなステークホルダーがいるのか？どのように関係を及ぼしあうのかを下調べし、対象の組織の情報の取り扱いについての特徴をしっかりと理解しておきます。さらに、間接的に関係する人についても本案件への影響の有無を識別しておくことが求められます。

● レポートライン、エスカレーションルート、承認パス

　直接関係する人たちについては、組織図を入手し、組織の全体像や組織名、階層構造、役割を理解します。次に、レポートライン、エスカレーションルート、承認パスの3つの視点で、組織図に現れない情報の流れを調べます。

・レポートラインやエスカレーションルート

　たとえば、プロジェクトに参加する社員は、作業の進捗状況や、問題発生時に、プロジェクトのトップに報告を上げます。もうひとつは、業務の担当者が自部署で解決できない状況に発展したとき、他部署の専門職に引き継ぎ（エスカレーション）を行うことがあります。これらの情報の流れは組織図上に現れないことが多いのですが、業務の分析を行う時にこれらの存在を認識しておくと役立ちます。

■ 組織図による分析

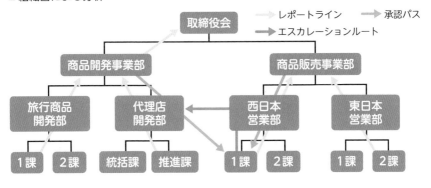

・承認パス

　決裁のシーンで、起案者から承認者へどのように申請が流れるか、組織の風通しにも注目します。具体的には、申請に関わる人が多いか少ないか（ハンコが多いか少ないか）、申請のスピードが速いか遅いか、そして、決裁手続きが組織の中で重要視されるのか形式的なものなのかなどです。要件定義の分析作業において、誰にインタビューをすると適切か、相談や合意は誰を巻き込むべきか、巻き込まない方が良いのか、そして、それらはどのぐらい時間がかかりそうか、見通しをたてるのに役立ちます。

⦿ ステークホルダーマトリクス、RACI分析

　間接的に関係する組織の人たちの理解は、ステークホルダーマトリクスとRACI分析というツールが役立ちます。

■ ステークホルダーマトリクスによる分析

ステークホルダーからの影響　大きい	ステークホルダーが常に満足した状態にあるようにする	ステークホルダーがチェンジに同意し、それをサポートしてくれるように、彼らと緊密に仕事をする
小さい	ステークホルダーの関心や影響が変わらないように、監視を怠らない	報告を怠らない（ステークホルダーはコントロールの欠如には非常に敏感で、それを懸念している可能性がある）

　小さい　　　　　　　　　　　ステークホルダー　　　　　　　大きい
　　　　　　　　　　　　　　　　への影響

2
要件定義の下調べ・段取りフェーズ

■ RACIによる分析　意思決定者レベルやユーザー組織のキーパーソン把握

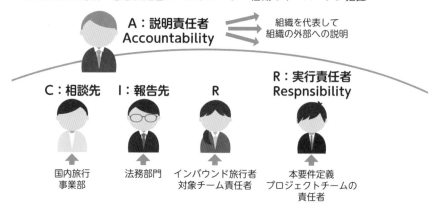

ステークホルダーマトリクスは影響度を調べるツール、RACI分析は意思決定者レベルの人を分類して認識するツールです。4つの象限内に具体的な人物名を書き込んだり、それぞれの人物にRACIの役割を割当、認識の漏れや不足を予防します。両者を組み合わせて使うとより有効です。要件定義の中で、どのような状況のときに、誰に、どのような方法で知らせるか、コミュニケーションの戦術を考えておきます。

○ オニオン図

　組織外の人も含め、広く全体を俯瞰するときは、オニオン図というツールが役立ちます。

■ オニオン図による分析

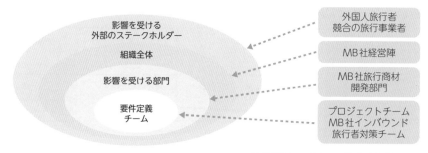

PMIビジネスアナリシスガイドを参考に作成

オニオン図は、今回の案件で最も関与が深い人を同心円の中心に書き、円の内側から外側へ向かって、関与の度合いに応じてステークホルダーを書き足していく図です。同心円が玉ねぎの断面に似ているのでオニオン図と呼ばれます。内側のステークホルダーに注目しがちですが、ここでは外側に位置するステークホルダーについて、是非、会話してみましょう。要件定義では、網羅が不可欠で、隠れた要求の存在を見つけることが重要視されますが、外側のステークホルダーの要求が、隠れた要求の存在になることがあります。

たとえば、今回のマイナ・バード旅行社の事例では、もし、内側に近い「業務部門担当者」の要望にばかり耳を傾け、外側のステークホルダーの存在を見落とした場合、競合の旅行社ではもっと進んだ仕組みを計画中だったのに、誰も気づかず対処していなかった、とか、あるいは、外国人旅行者の嗜好の変化の速さが業務担当者の想像をはるかに超えていて、全く考慮しなかった、といったことが考えられます。**オニオン図**でこれらの存在に気づいていると**考慮漏れを予防**できます。

まとめ

- ▶ 要件定義作業前にできる限りユーザーの状況を下調べする。ただし、手間や時間をかけすぎない。
- ▶ この段階では細かい点にこだわらず全体像の理解に努める。

12 要件定義作業の進め方

何をいつまでにやるか（ToDo）やチーム内の情報伝達（コミュニケーション）のやり方について、しっかり計画を立て、関係者に合意を得ておくことが要件定義の成功の鍵です。ここでは、段取りフェーズの作業の進め方を具体的に説明します。

● ToDoとコミュニケーション

　段取り時に、要件定義の基本的な進め方を決め、関係者に合意を得て、周知します。具体的に、次の2点についての進め方を決めておきます。まず、「**やるべき事（ToDo）**」。具体的には、**何を、いつ、誰が行うか**（スケジュールと役割分担）を決めておきます。そして「**コミュニケーションの取り方**」。通常のコミュニケーションと、衝突、即ち揉めごとへの対処方法を予め決めておきます。

■ 作業についての取り決め

1 　やるべきこと（ToDo）をリストアップ

2 　役割分担

3 　会議についての決めごと

4 　スケジュール作成

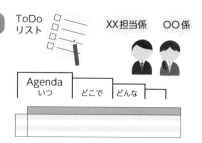

● ToDoに関する決め事（スケジュール、役割分担）

　まず、要件定義でやるべきこと（ToDo）を**できるだけ具体化してカテゴリー別にリストアップ**します。カテゴリーは、たとえば、「業務領域／システム領域」とか、「インタビュー／集中討議／定例会議／分析作業／ドキュメント作成」など要件定義チームで決めた分類を記しておきます。

次に、ToDoごとに、どの順番で実施すべきか、開始日、終了日の予定を横棒で表していきます。**工期（開始から終了までの期間）**と、**工数（実作業の時間）に無理がないか点検**し、最後に、各ToDoについて、ユーザーとベンダーの役割を分担していきます。

■ ガントチャート

	第1週	第2週	第3週	第4週	第5週	第6週
準備・計画	■					
業務要件定義		■				
機能要件定義			■	■		
非機能要件定義					■	
検証					■	
妥当性確認						■
承認						■

スケジュールは、ToDo別かつできるだけ5日で1単位になるよう組み合わせて、図に展開し、週の前半3〜4日間で情報収集・分析・定義を行い、それに対して5日目に関係者で合意をとる、というように、できるだけ週単位にまとめるとわかりやすいです。週ごとに、何を分析し、何を決めていけばよいかを把握できるようにするのがポイントです。関係者への合意や承認も、あらかじめどのタイミングでとるか、パターンを考え、心づもりしておきます。**成り行き任せは避ける**べきです。

■ 合意のタイミング

・**まとめて合意をとるパターン**

・**こまめに合意をとるパターン**

■ 承認のタイミング

・まとめて承認を得るパターン

・各要件定義ごとに別々に承認を得るパターン

次に、スケジュールの横棒上に、役割分担された担当者名を追記します。担当者名はこの時点で決まってなくても、「xx部門A氏」といったプレースホルダー（仮の名前）を割り当てておきます。スケジュールについては、ToDo別チャートとは別に、**担当者別のチャートも作成**します。

こうして早い段階に要件定義チームに、スケジュールや役割分担を共有しておくと、各自、自分が忙しくなるのはいつか？　前もって準備が必要なものは何か？など自覚することができます。また全体を見て不備や不足に気づいたメンバーがアドバイスをくれるでしょう。

 スケジュール策定の中のクリティカルパス

クリティカルとは、「危機的な」という意味で、ToDo別スケジュールの中で、これさえうまくいけばOK、というToDoを特定します。個々のToDoの進捗を全て管理するのは大変なので、クリティカルパスのToDoの進捗に特に気を付けます。スケジュール管理もめりはりが重要です。

⊙ コミュニケーションに関する決め事

コミュニケーションとは、情報伝達のことです。要件定義では、インタビュー、集中討議、レビュー会、報告会などさまざまなタイプの情報伝達が欠かせません。タイプ別に、**誰に集まってもらうか**、**どのようなやり方で実施するか**、また、いつ、どこで実施するかを段取りします。

「誰に」については、情報伝達のタイプ別に相手を特定し、スケジュールを確保します。

「会議」については、目的、開催頻度・場所、参加メンバー、それぞれの決裁レベル（単なる情報共有会なのか、最終決議の場なのか等）、臨時の会議の場合は開催判断（どのような条件で開催を決めるか）などを段取りします。

どのようなやり方で（メンバー間の距離、国内か海外かにより）TV会議が必要か、時差の考慮が必要か、媒体（メールvs直接会うなどを段取りします。

各タイプのコミュニケーションの日程が決まれば、参加者に通知し、場所や備品などを予約します。

まとめ

- ▶ 要件定義着手前に、やるべきこと、スケジュール、役割分担を決めておく。
- ▶ 「会議」は、できるだけ早く段取りし、関係者に共有する。
- ▶ 会議の参加者への通知や、場所や備品の予約など後回しにしない。

13 ジャッジのための 基準づくり

要件定義中に、関係者間に意見の対立が発生した場合、積極的に衝突の解消をはかっていかなければなりません。予め揉め事を想定し、判定基準を決め、関係者間で合意を得ておくことで、よりスムーズな解決が期待できます。

● 衝突が起こりがちなシーン

　利害の異なる大勢の関係者の間で、さまざまな決め事を行う場合、衝突が起こるのは、ある意味健全で当たり前のことです。

　衝突に対して、**意見を調整して衝突を解消し、関係者が納得できる合意に導く**ことは、要件定義を行う担当者の重要な役割です。

　要件定義においては、「優先順位付けのシーン」「作業の開始と終了のシーン」「決め事への合意と承認のシーン」の3シーンについて、段取り段階でジャッジの基本的な方針や基準を決めておきます。

● 優先順位付けの判定基準

　要求分析や要件定義の作業が進み、たくさんの要件が出た場合、構築予算や納期の都合上、取捨選択が必要になることがあります。単純な多数決による絞り込みでは、関係者が納得できないこともあります。このような時には、段取り時に合意しておいた判断基準に照らして優先順位を決める方法が有効です。

　一般的に、要求に対しては図のような判断軸（事業価値重視、投資対効果重視など）がよく使われます。

■ 優先順位付けの判定

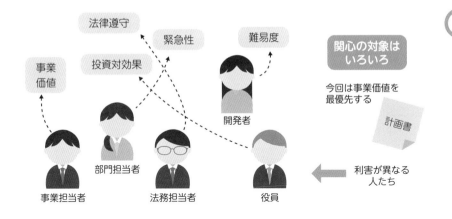

　または、MoSCoW（Must、Should、Could、Won't）という、汎用的な判断軸も良く使われます。

■ 優先順位付けの判定（MoSCoW）

優先順位付けのランク	説明
M（Must）	必要不可欠（必須）
S（Should）	できるかぎりやるべき（推奨）
Co（Could）	費用、納期に余裕があるならやってもよい（可能）
W（Won't）	今回は不要

◎ 開始と終了の判定基準

　要件定義の契約締結後、作業を開始する時、ユーザー作成のシステム化企画書や業務マニュアルやフローを参照しますが、これらがあまり整っておらず期待を下回ることがあります。たとえば、内容が薄かったり、操作マニュアルが更新されず、実態を反映していないような場合です。

　これでは、本格的に作業を開始することはできません。開始すれば、資料の

不備による手戻りが発生し、スケジュール遅延などが懸念されるからです。

　一方、準委任型契約の要件定義案件は、成果物の納品イコール契約終了ではないので、どこまで定義すれば契約終了と判断するのか曖昧です。

　開始、終了の判断は、曖昧なままでは済まされません。このような事態は、具体的に、「何がどの程度準備できていれば作業開始可能」、「何がどの程度達成できていれば作業終了可能」といった**チェックリストを準備**しておくことで回避できます。

　システム開発の世界でも、テストの開始や終了の判定基準を決め、テスト品質を向上させる仕組みがあります。ソフトウェアテスト技術者の国際的な資格認定団体では、これらの判定基準を Entry クライテリア、Exit クライテリアと呼び、チェックリストを作成するよう薦めています。要件定義でもこの考え方を取り入れるとよいでしょう。

■ 作業の開始判定と終了判定

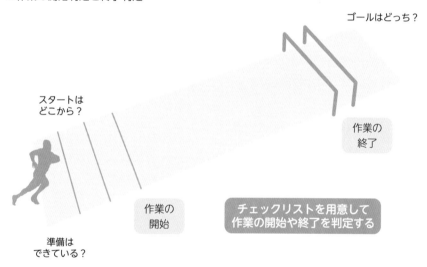

ゴールはどっち？

スタートはどこから？

作業の終了

作業の開始

チェックリストを用意して作業の開始や終了を判定する

準備はできている？

合意と承認の判定基準

　完成した要件定義に対して、ユーザーの最高責任者が最終承認を拒否すれば、要件定義を終了させることができません。正当な理由なくやり直しを命ぜられ

ても、そのまま納得するわけにはいきません。

　要件定義チームで取り決めた内容への合意や、要件定義書への承認について、段取り時点で判定基準を決めておくことで、合理的に判定を下すことができ、決定に納得し易くなります。

　このように、「揉めそうだな」と思われるシーンに対して、段取り時に対策しておくことで、トラブルの回避が容易になります。

　判定基準を決めておいても、なお揉めごとが続く場合に備えて、当事者より上位の役職の仲裁者を決めておくこともあります。

■ 承認判定

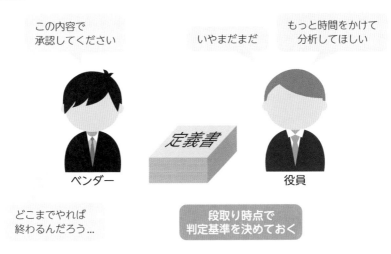

まとめ

▷ 優先順位付けの判定は、予め決めておいた判断軸やMoSCoWを使う。

▷ 作業の開始と終了の判定は、曖昧さを残さぬよう関係者に周知しておく。

▷ 合意と承認の判定は、合理的に決定し納得度が高まるよう予め基準を設けておく。

14 計画書の作成

要件定義の段取りフェーズでは、作業スケジュールや役割分担を協議し、衝突解消の基準を取り決めます。それらを「計画書」にまとめて合意や承認を得ます。ここでは、計画書のサンプルを示します。

◉ 関係者間で、文書で共有しておく

　進め方やコミュニケーションなど、さまざまな領域で段取りを策定したら、計画書にまとめて、関係者の間で共有し、合意を得ます。

　計画策定のプロセスで、作ってきた中間産物を集め、表紙と目次をつけて体裁を整えます。今後、段取りの見直しや追加も考慮して、改訂履歴も含めておきます。

◉ 要件定義計画書のサンプル

■ 要件定義計画書サンプル　目次

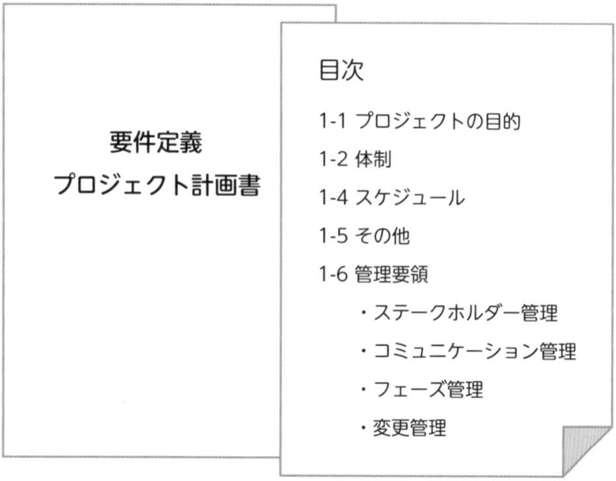

要件定義
プロジェクト計画書

目次
1-1 プロジェクトの目的
1-2 体制
1-4 スケジュール
1-5 その他
1-6 管理要領
　・ステークホルダー管理
　・コミュニケーション管理
　・フェーズ管理
　・変更管理

1. プロジェクトの目的
　　・目的
　　・背景
　　・プロジェクトの位置づけ

2. 体制
　　・体制図

　　・メンバー構成

No	メンバー	役割・責任	備考

3. スケジュール

No	7月第1週	7月第2週	7月第3週	7月第4週	8月第1週	8月第2週
1. ……						
2. ……						
3. ……						
4. ……						

4. その他
　　・前提条件

No	前提条件	対応方針	備考

　　・制約条件

No	制約条件	対応方針	備考

　　・リスク

No	リスク	対応方針	備考

■ 管理要領のサンプル　（作成のイメージ）

2. 管理要領
- **・ステークホルダー管理**
  - ・主要メンバー

No	関係者（ポジション）	関わり	備考

  - ・推進メンバー

No	メンバー	役割	備考

- **・コミュニケーション管理**
  - ・プロジェクトの推進、進捗に関する会議

No	会議名	目的	参加者	時期	備考

  - ・集中討議

No	会議名	テーマ	参加者	時期/場所	備考

  - ・補足事項
    - ・コミュニケーションツールについての取り決め
    - ・優先順位の判定軸についての取り決め.....別紙 方針書 参照
    - ・検証、妥当性確認についての取り決め.....別紙 チェックリスト 参照
    - ・記録の作成担当、開示・報告先、管理方法.....別紙 管理の指針書 参照
    - ・会議内容への合意についてのルール.....別紙 ルール取決書 参照

- **・フェーズ管理**

No	フェーズ名	開始日	終了日	備考

  - ・補足事項
    - ・開始判定基準
    - ・終了判定基準
    - ・承認についてのルール

- **・変更管理**

No	発生日	ステータス	原因	内容	責任者

  - ・補足事項
    - ・変更管理のグランドルール
    - ・変更管理についての手続き

■ 要件定義書サンプル（続き）

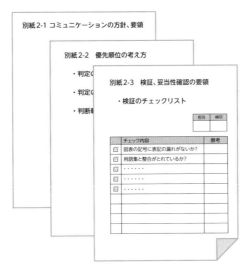

別紙2-1 コミュニケーションの方針、要領

別紙2-2　優先順位の考え方

・判定（

・判定（

・判断

別紙2-3　検証、妥当性確認の要領

・検証のチェックリスト

	チェック内容	備考
□	図表の記号に表記の漏れがないか？	
□	用語集と整合がとれているか？	
☑	・・・・・・	
☑	・・・・・・	
☑	・・・・・・	

まとめ

▶ 「計画書」を作成し、関係者に周知し合意をとっておく。

▶ 段取りの見直しや追加も見越して、改訂履歴を設けておく。

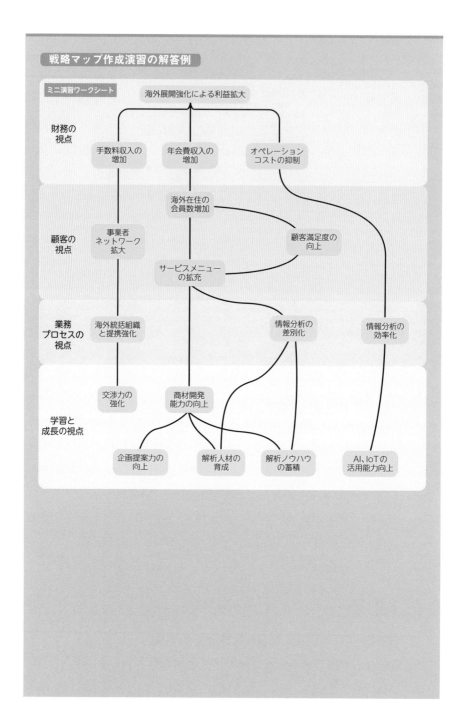

戦略マップ作成演習の解答例

ミニ演習ワークシート

海外展開強化による利益拡大

財務の視点

手数料収入の増加　年会費収入の増加　オペレーションコストの抑制

顧客の視点

海外在住の会員数増加

事業者ネットワーク拡大

顧客満足度の向上

サービスメニューの拡充

業務プロセスの視点

海外統括組織と提携強化　情報分析の差別化　情報分析の効率化

学習と成長の視点

交渉力の強化　商材開発能力の向上

企画提案力の向上　解析人材の育成　解析ノウハウの蓄積　AI、IoTの活用能力向上

3章

業務要求の分析・
定義フェーズ

お客様のマイナ・バード旅行社は、日本を訪れ
る外国人旅行者への新サービスを企画していま
す。この事業を成功させるため、新システムの
活用に期待がかかっています。システムの利用
者から要求を引き出し、分析し、定義する過程
で、要件定義のプロである皆さんのリードが欠
かせません。分析のポイントや、お客様と二人
三脚で作業を進めていくコツもみてみましょ
う。

15 業務要求の分析・定義フェーズの全体像

事業の目標を実現するために、どのような業務（オペレーション）が必要か、ユーザーと協業しながら、新しい業務の姿を分析し、可視化します。ここでは、分析から定義書にまとめあげるまでの一連の流れを解説します。

● 業務要件の分析対象

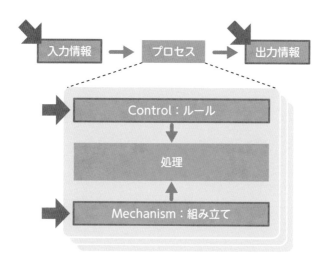

● 業務のありたい姿をモデリングする

　業務要求の分析・定義は、事業の目標を実現するために、業務に求められる機能の特徴を明らかにします。「新しい業務はこうありたい」という理想の姿をイメージアップしながら、**組織に必要な仕組み**を明らかにします。業務要求の分析の3大要素である「業務フロー」「ビジネス・ルール」「入出力情報」の3つに分けて整理します。

「業務フロー」は、業務の組み立て（処理の順番）に注目し、「ビジネス・ルール」は、業務に適用する枠組み（規則や基準）について整理します。「入出力情報」は、インプットやアウトプットの情報の種類や性質を洗い出します。

● 業務要求の分析・定義フェーズの構成要素

　本Chapterの前半では、業務要求の分析から要件の定義、文書化について説明します。

■ 業務要件分析・定義フェーズの構成要素（前半）

現行業務の調査	現行業務の問題点やその原因を調査します。
業務フロー、ビジネス・ルール、入出力情報の分析・定義	システム化実現後の新しい業務のフロー、ビジネス・ルール、入出力情報を分析し、定義します。

　本Chapterの後半では、文書化された業務要件の品質を向上させる活動を説明します。

■ 業務要件分析・定義フェーズの構成要素（後半）

業務要件の文書化	上記で分析・定義した内容を文書化して、「業務要件定義書」を作成します。
業務要件の検証	業務要件定義書の内容を検証します。
業務要件の妥当性確認	業務要件定義書の内容の妥当性を確認します。

まとめ

　▶ **新業務のありたい姿を可視化する。**

　▶ **新業務実現に必要な仕組みを、業務の組み立て、ルール、入出力情報に分けて整理する。**

16 現行業務の調査

事業の目標を達成するために、まずは現状を正しく認識するところから始めます。
理想に対して現状はどうなのか？現在どのような問題を抱えているのか？その原因
は何か？これらをチーム内で共有し、認識を合わせます。

● 実態調査の目的

　業務の理想の姿を描き、その実現のためにどのような仕組みが必要かを明ら
かにします。既存の業務を拡張したり改善したりする場合は、現状の業務の実
態の調査も行い、**理想とのギャップ**を明らかにします。

　現状の業務については、現行の業務マニュアルや業務フローなどを入手して、
その仕組みを正確に理解します。関係者にインタビューして、こんなことができ
るともっと良いのに、という新たなニーズや、こんなことで困っている、改
善して欲しいという現状の問題点を明らかにしていきます。

● ニーズの分析

　業務でこんなことができるともっと良いのに、という要望を、現場のスタッ
フやその上長から聞き出します。スタッフには、効率的な業務遂行の理想の姿
を、上長には、現場管理の理想像を話してもらいます。**制約に縛られず、でき
るだけ理想の状態を言葉に**してもらいましょう。

　ニーズがまだ曖昧な場合は、何故そう願うのかを、質問を通して具体化させ
るように工夫します。たとえば、**今までの経緯や背景を聞き出す**ことにより、
要求を具体化させることができます。あるいは、他業界や海外の事例を紹介す
ることで、お互いのイメージアップに役立つことがあります。ユーザーの**隠れ
たニーズを引き出すチャンス**なので、積極的に働きかけてみましょう。

● 問題の分析

　問題を明らかにするときに、インタビューだけではなく、実際に現場に出向いて、作業を観察させてもらうことは非常に役立ちます。問題の内容だけでなく、問題が発生している周囲の状況や、問題の程度を観察者が実感できること、また、作業慣れしている担当者が見落としがちな点を、観察者が客観的に見て発見することができることなど、現場でないとわからない点を共有することができます。「観察」は、仕事の邪魔にならぬよう、繁忙な時期や時間帯は避けるというのが常識かもしれませんが、むしろ**一番大変な場面に立ち会わせてもらうべき**です。遠慮しすぎて調査の目的が達成できないようでは元も子もありません。

　インタビューについては、特定の問題について、業務に精通しているスタッフにまとまった時間をとってもらい、その原因を根掘り葉掘り聞き出します。多少ぶしつけかと思われる質問もぶつけてみるべきです。このとき、作業者を責めるような口調にならぬよう、**作業者に共感を示しながら**、「(あなたが悪いわけではない)、あなたの置かれた状況に問題があるのですよね?」という主旨で、**状況下の制約や慣習、決まり事を聞き出す**と良いでしょう。

■ 根本原因分析

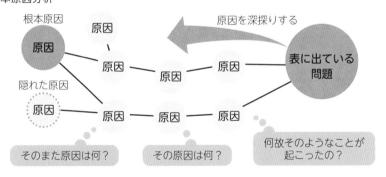

● 現在の組織に不足するものを特定する

　ニーズや問題点の洗い出しが一段落したら、今度は、「そのような要望 (ニーズや改善要望) が出るのは、組織に何が足りないからでしょうか?」という質

問に切り替えます。

　「組織に不足する仕組みやスキル」を当事者に特定してもらい、自分の言葉で具体的に表してもらうようインタビューで誘導します。「うちの組織にも〇〇が欲しい」と実感してもらうことで、当事者意識が高まり、要件定義の活動への協力も期待できます。

　要求は、当初、曖昧で、漠然としていることが多いものですが、エンドユーザーが、言葉で表そうと試みることで、自分にとって本当に必要なものが明確になります。また、ベンダー側へも明確な言葉で誤解なく伝えることができます。この**「組織に不足する仕組みやスキル」**を獲得することが業務要求です。

■ 組織に不足しているもの

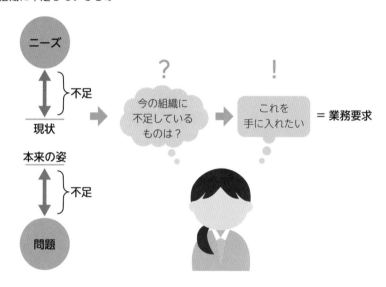

まとめ

▷ 質問を通して具体化。ユーザーの隠れたニーズを引き出す。

▷ 問題の分析はできるだけ現場に出向いて実態を観察する。

▷ 現行業務の実態調査で組織に不足するものを特定する。

分析フェーズのモデリング

　分析とは、観点を決めて情報の理解を深める作業です。大量の情報を整理する場合に、最初に整理の方針や観点を決めておかないと、分析の深さに偏りが生じたり、全般的に広く浅く概観するに留まってしまいがちです。

　大量の情報を効率よく整理するには、まずそれぞれの情報を、図や記号を使って形式を統一します。そして、並べて比較し易いように、また全体を俯瞰し易いようにして、そこから共通点や規則性を見出だし特徴を明らかにしてゆきます。これが分析フェーズで行うモデリングです。

　設計工程でも分析フェーズとよく似たモデル図を用いてモデリングを行いますが、それぞれモデル図の利用目的が異なります。設計工程では、開発者に仕様を引き継ぐことが目的で、図は、表記規則に従って正確に描き、精緻に作り込みます。一方で、分析フェーズでは、描いたモデル図をたたき台にしてディスカッションをはじめたり、インタビューを助ける資料として用いるのが目的で、ユーザーが理解できるシンプルな図が好まれます。設計工程でのモデルの図は完成品かつ納品物であるのに対して、分析フェーズでのモデルの図は、分析の準備のための中間産物という位置づけです。

　モデル図を仕上げると、なんだか分析作業が終わったように錯覚してしまいがちですが、モデル図を描き終えても分析の入り口にすぎません。

■ 分析フェーズと設計工程でのモデリングの目的の違い

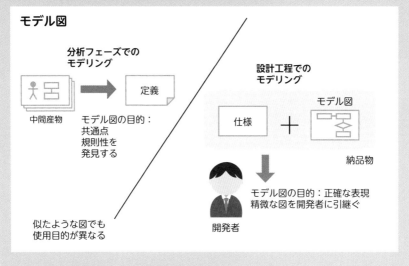

17 業務フローの分析・定義

ユーザーへインタビューを重ねながら、新しい業務の姿を具体化していきます。業務をどのように組み立てるのか、ユーザーにも馴染みやすいフロー図を用いて分析します。ここでは、業務フロー分析のポイントを解説します。

● 業務フロー分析の位置づけ

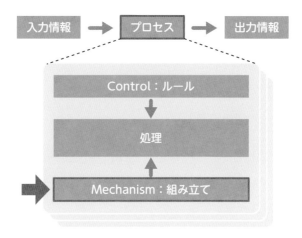

● 業務フローで新業務のイメージを具体化し、共有する

事業目標を実現するための新しい業務の可視化を進めます。どのような業務が必要か、内容を具体化して詳細を詰めていきます。

内容の具体化は、業務全体を**概要から詳細へとトップダウンで洗い出し**を進めます。たとえば、顧客管理、商品管理のように、まずは大きく業務を分類し、次に分類ごとに詳細な処理へと具体化して一覧表に整理します。このとき、各処理の粒度や発生頻度などにより、階層（レベル１、レベル２・・・）を意識して体系化すると、階層ごとチェックでき、抜け漏れが発見し易くなります。

大分類	中分類	小分類	業務の概要
会員管理	入会	会員登録	会員の入会申請を登録する。
	変更	継続手続き	会員の継続申請を手続きする。
		退会手続き	会員の退会申請を手続きする。
翻訳・SNS投稿サービス利用管理	利用開始	開始手続き	会員の利用開始申請を手続きする。
		期間延長手続き	会員の利用期間延長申請を手続きする。
	利用終了	終了手続き	会員の利用終了申請を手続きする。
観光商材提供事業者管理	申込	事業者登録	観光商材提供事業者を新規登録する。
	変更	事業者登録変更	観光商材提供事業者の登録情報を変更する。
	削除	事業者登録削除	観光商材提供事業者の登録情報を削除する。
情報分析	移動分析	動線分析	主な移動傾向を地域別に分析する。
		地図別分析	前後の訪問場所を地図上に表示する。
		地域期間別分析	移動傾向を、指定期間別に分析する。
	滞在分析	訪問地別分析	訪問地別傾向を、属性別に分析する。
		滞在先別分析	滞在先別傾向を、属性別に分析する。
		地域時間帯別分析	地域・時間帯別に分析する。

また、全体を俯瞰しながら、**業務横断で共通のパターンも見つける**ようにします。たとえば、顧客管理や商品管理に、「登録」や「照会」が共通している場合、それら処理の考え方にパターンを見つけ出し、共通処理としてまとめます。

◉ 業務フロー作成の分析ポイント

新しい業務を具体化・詳細化する過程で、業務フローを使うと、ユーザーとの理解の共有に役立ちます。ユーザー側に作成してもらうこともあれば、聞き取りの結果をベンダーが作成することもあります。

業務フローは、新業務の代表的なパターンを選んで、正常に行われる様子を表す業務フロー群と、複雑な処理や特異なパターンを抽出し、より正確に理解し共有するための業務フロー群の2種類に分けて整理します。

要件定義での業務フローは、正常時の処理を中心に、ITシステムのみならず、**ユーザーが手作業で行う作業もフローに**記します。また、各フローについては、**一目で概要が捉えられるシンプルな作図**を心がけます。一般に、業務フローには、「1つ1つの処理ステップは長方形で、分岐は菱形で」など、標準の表記法はあるものの、厳しい決まりごとはなく、誰でも取りつき易いのですが、複数のメンバーで作成を分担する場合は、バラバラになりがちです。特に、どの粒度で作成するか、作業着手の前にチーム内で、ルールを共有しておくと良いで

しょう。たとえば、「前処理→メイン処理→後処理の3点セットで表し、メイン処理には各業務を特徴づける処理を記す」や「一人のオペレーターが30分以内で完了させる程度の処理を、10ステップ以内をメドに記す」などです。

■業務フローの作成例

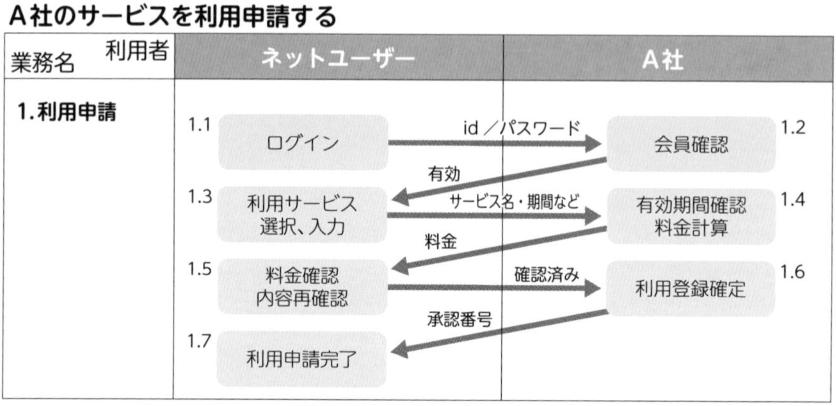

A社のサービスを利用申請する

業務名 / 利用者	ネットユーザー	A社
1.利用申請		

● 例外のバリエーションを洗い出す

分析の早い段階で、正常時の業務フローと併せて例外発生の分析も行います。いつどのような状況で例外が発生し得るか、ユーザーにインタビューして、積極的にリストアップします。ここでは、例外発生時の対処方法は考える必要はありません。重要なことは、**例外がどこでどのように発生しそうか、ユーザーと認識をあわせておく**ことです。設計時や運用時になって想定外のことが発覚することを防ぐのが目的で、業務の洗い出しの抜け漏れの予防につながります。

● 複雑な業務フローはシナリオで

一般的な業務フローには、条件分岐を含むことも多く、1つのフローの中に、枝分かれした処理がまとめて記されます。が、複雑な処理の場合、あえて条件ごとにフローを分けて作成する方法（シナリオと呼ぶ）があります。**シナリオを分ける目的は、エンドユーザーの視点でより正確に理解を共有する**ことです。次の図では、翻訳アプリ担当部門とレンタルバイク担当部門の異なる担当者に

別々にインタビューするとき、各々のシナリオを使うことで他部門のことを気にすることなく、自部門の新業務に議論を集中させられます。相手の日常業務の範囲に合わせて作成することが重要です。

■ 利用サービスのシナリオの例

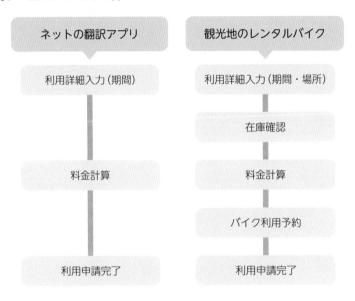

ネットの翻訳アプリ	観光地のレンタルバイク
利用詳細入力（期間）	利用詳細入力（期間・場所）
	在庫確認
料金計算	料金計算
	バイク利用予約
利用申請完了	利用申請完了

まとめ

▶ **業務フローで新業務のイメージを具体化し、共有する**

▶ **業務フロー分析時に、例外のバリエーションを洗い出す。**

18 ビジネス・ルールの分析・定義

ビジネス・ルールは、新しい業務を特徴づける大きな要素です。また事業や世の中の動きにより、ビジネス・ルールは今後変わり得るものです。業務要件の分析で、ビジネス・ルールを柔軟に扱うための考え方を解説します。

● ビジネス・ルール分析の位置づけ

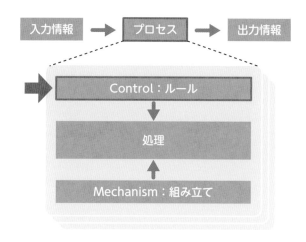

● 新業務のルールを抽出する

　業務フローの分析中に、条件分岐や例外処理が見つかると、そこからビジネス・ルールを抽出することができます。抽出されたルールは次のような一覧表にまとめます。BABOK（Business Analysis Body of Knowledge）ver3では、ルールを「個人の行動についてのルール」と「組織内の定義づけについてのルール」の2つのタイプに分けて整理しています。タイプを意識することで、洗い出しに偏りがないかチェックし易くなります。

■ ビジネスルール一覧の例

ID	ルール名	概要または例	タイプ	関連ルール
BR00101	個人情報の取り扱い	情報は3年間保持しなければならない。	行動	
BR00201	発送先のチェック	登録済みの居住地と発送先が異なる場合は、郵送してはならない。	行動	BR00210
BR00301	在庫の自動発注	在庫量が発注点を下回った時点で、自動発注する。発注点200以下の場合、通常手配発注点100以下の場合、緊急手配	行動	
BR00401	消費税の算出	価格に消費税率を乗じて販売価格を算出する。消費税率は10%	定義づけ	BR00411（軽減税率）
BR00501	会員ランク分け	年間獲得ポイント数により会員をランク分けする。100ポイント以上「優良会員」100ポイント未満「普通会員」	定義づけ	BR00511 BR00512

◉ 行動のルール

行動のルールは、ユーザーの行動の指針となるもので、あることを義務付けたり、禁止したり、またはある行動を開始する条件を規定します。「義務」「禁止」「契機」の3つに分けて考えます。

■ 行動のルール

種類	説明と例
義務	人に、ある行動を義務付ける。例）日報は翌日の17時までに本部に提出しなければならない。
禁止	人に、ある行動を禁じる。例）住所が一致しない場合は、注文を受け付けてはならない。
契機	ある行動を起こす場合の条件を定める。例）年末時点で、獲得ポイントが100を超えていたら、ゴールドカードを送付する。

　行動のルールについては、違反した場合の罰則も併せて分析すると良いでしょう。罰則の分析中に、新たなビジネス・ルールが発見されることもよくあります。

● 定義づけのルール

定義づけのルールは、組織の決め事や考え方を示すもので、あるもののカテゴリを判別したり、条件に当てはまるか否かを判別したりします。個人に対する違反を考える必要はありません。「推測（割り出し）」と「計算」に分けて考えます。「推測（割り出し）」は、他の情報を利用し、そこから決め事（分類方法など）を導き出すようなルールです。

■ 定義づけのルール

分類	例
推測	他の情報に基づいて、分類方法を定義する 例）年間注文数に応じて顧客を、「優良」「普通」「休眠」に分類する。 例）注文の状態を「発注済み」「納品待ち」「納品済み」で管理する。
計算	計算式を定義する 例）消費税は、「価格×0.1」の計算式で求める。

● ルールを一元管理する

業務フローなどの分析中に、ビジネス・ルールを発見したら、その都度、ビジネス・ルール一覧表へも転記します。その際、ルールごとにIDを採番し、別の分析ドキュメントから参照できるようにしておきます。業務フローから参照する場合は、フロー中にはルールIDとルール名のみを記載し、詳細はビジネス・ルール一覧表で一元管理します。一般に、ひとつのルールが、業務の複数の場所で適用されることが多く、業務フローのあちこちに同じ内容（ルール）が記載されることになります。ここでたとえば、消費税率が改定になった場合、ルールを一元管理しない場合は業務フロー上の該当箇所を探して、全て税率を変更しなければなりません。ビジネス・ルール一覧表にのみ税率を記述しておくと、一か所の修正で済みます。

業務の流れそのものは、そう頻繁に変わることはありませんが、**ビジネス・ルールは、事業・環境の変化に伴い、変更が発生しがち**です。できるだけ、**フローとルールを切り離し、柔軟に管理**できるような工夫が必要です。また、さまざまな場所から参照しやすくするように、複数のルールを1IDにまとめてし

まわず、1ルールにつき1つのIDで定義するのがコツです。

■ ルールの一元管理

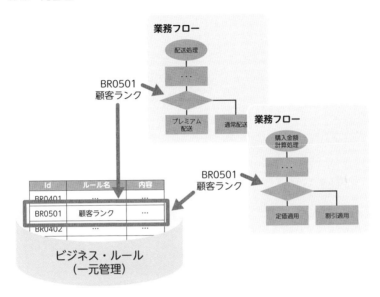

ビジネス・ルールは一覧表で一元管理する。
ルール内容の訂正は1箇所で変更する。

まとめ

- ▷ 義務や禁止、行動のきっかけ（契機）を規定するのは、行動の
  ルール。

- ▷ 計算式の定義やカテゴリー分けを定義するのは、定義づけの
  ルール。

- ▷ 業務フローやデータ分析でルールを洗い出し、ルール一覧表で
  一元管理。

19 入出力情報の分析・定義

業務フローやビジネス・ルールの分析と同時に、業務に関連する入出力情報も洗い出します。業務の視点で入出力情報をグルーピングし、グループ間の関係も明らかにします。ここでは、分析の手順とユーザーとの協働のポイントを解説します。

● 入出力情報分析の位置づけ

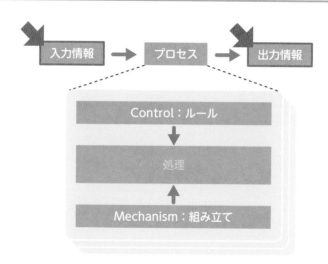

● 入出力情報の洗い出しとグループ化

　Chapter2で作成したエコシステムマップやDFDから、業務で管理が必要な情報を識別し、グループ化して一覧表に整理します。情報のグループを「概念エンティティ」と呼びます。**業務の仕組みに沿った分析が欠かせない**ので、業務フローやビジネス・ルールの分析中に「概念エンティティ」が識別されれば、その場で、入出力情報一覧表にも転記していきます。この段階では、詳細な項目の洗い出しは必要ありません。

No	情報名	入出力区分	内容	取扱量	利用目的	頻度	備考（情報のばらつきなどデータの特性）
1	会員情報	入力	海外居住者の会員登録情報	4000件/年	申請	随時	
2	事業者情報	入力	観光商材提供事業者の登録情報	200件/年	申請	随時	次期システムで登録
3	サービス利用情報	入力	会員別翻訳・SNS投稿サービス利用情報	1000件/年	登録	随時	
4	GPS情報	入力	翻訳サービス利用端末からのGPS情報	…件/日	収集	日次	繁忙期は3〜5倍に増加
5	画像解析情報	入力	投稿サービス利用者からの写真解析情報	…件/日	収集	日次	繁忙期は3〜5倍に増加
6	観光マッピング情報	入力	観光地属性情報	…	分析	日次	既存システム（国内事業部）から取り込む
7	会員行動解析情報	出力	属性別、地域別、時間帯別分析	…	分析	週次	

○ グループ間の関係性の理解

　次に、「概念エンティティ」間の構造（依存関係、主従関係など）を分析します。2つの「概念エンティティ」の関係の有無、関係が有る場合は、その主従関係を明らかにします。ここでは、新業務を可視化することが分析の目的なので、**ユーザーにインタビューしながら図に表現し、その図を使ってユーザーに確認しながら分析作業を進めていく**ことが望まれます。インタビューの例、作図の例をミニ演習に掲載しているので、参考にしてください。

　概念エンティティの洗い出しや構造を分析する際、一般に、ER図（Entity Relationship Diagram）やUMLのクラス図を使います。ER図を使用する場合は、2つの概念間の構造を、カーディナリティとオプショナリティについて分析します。カーディナリティとは、両者の主従関係（多重度）、オプショナリティとは、互いに相手が任意か、必須かを明らかにするものです。クラス図を使用する場合は、2つの概念間の依存関係（継承、集約、関連など）を分析します。

　分析フェーズで作成する図を分析ER図や分析クラス図と呼び、設計工程で作成する設計ER図や設計クラス図と区別します。

■ 概念ER図の例

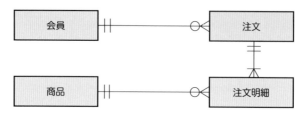

ER図の記号の説明

自分1に対して

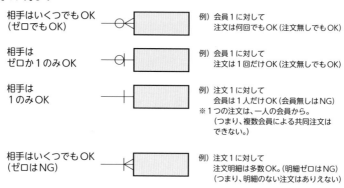

相手はいくつでもOK
（ゼロでもOK）

例）会員1に対して
注文は何回でもOK（注文無しでもOK）

相手は
ゼロか1のみOK

例）会員1に対して
注文は1回だけOK（注文無しでもOK）

相手は
1のみOK

例）注文1に対して
会員は1人だけOK（会員無しはNG）
※1つの注文は、一人の会員から。
（つまり、複数会員による共同注文は
できない。）

相手はいくつでもOK
（ゼロはNG）

例）注文1に対して
注文明細は多数OK。（明細ゼロはNG）
（つまり、明細のない注文はありえない）

Exercise 演習　分析ER図によるデータの分析

次の6ステップで分析の準備を進めます。

(1) 業務フロー分析の中で、メインの機能に注目し、その機能で実現されることを
短い文章で表現します。文章はSVOC (主語・動詞・目的語・補語 (その他)) の
形式で表します。　例) 会員は、サービスをマイナ・バード旅行社から利用する。

■ 分析ER図作成のステップ (1)

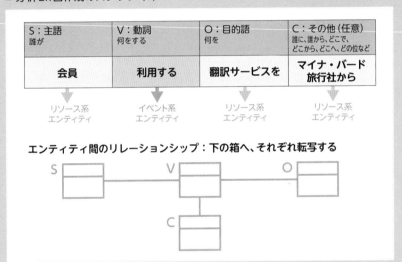

(2) SVOCそれぞれをデータの塊とし、Vはイベント系のデータ、それ以外はリソー
ス系のデータと認識します。Vを中心に置いて直線で結んで関係を定義します。

■ 分析ER図作成のステップ (2)

(3) 次にカーディナリティ（多重度）を明らかにしてみましょう。リソース系データとVの間には、基本1対多の関係があると仮定して、線上に1や多を追加します。

■ 分析ER図の作成のステップ（3）

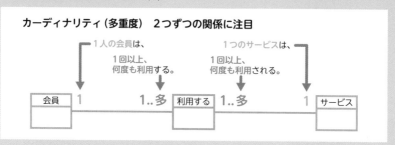

ここまでが基本です。分析を開始するのに必要な図が出来上がりました。

　(4) マイナ・バード旅行社独自のルールについて、「1回の利用登録で、翻訳サービスと写真投稿サービスが利用できる」を図に追加で表します。

■ 分析ER図の作成のステップ（4）

(5) 続いてオプショナリティ（任意／必須）を、追加の質問で明らかにしましょう。たとえば、マイナ・バード旅行社の例で、ユーザーに「一度も利用していない会員の登録は許可されるのか」をインタビューして確認してみましょう。

　記法に従って図に書き入れます（上の例では、会員登録だけしてサービスは利用しないという幽霊会員が増えると困るので、「初回サービスの利用時に初めて、テーブルに会員を登録する」といったケースが考えられます）。

■ 分析ER図の作成のステップ (5)

オプショナリティ (必須／任意) 2つずつの関係に注目

0は任意、1は、必須
0..1は、0 (任意) でも許可されるという意味。1..1は、0 (任意) は許可されないという意味

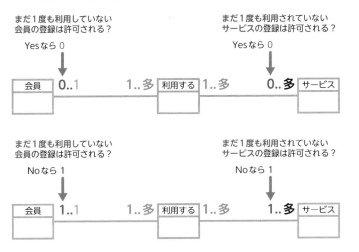

まだ1度も利用していない
会員の登録は許可される？

Yesなら 0

| 会員 | 0..1 | 1..多 | 利用する | 1..多 | 0..多 | サービス |

まだ1度も利用されていない
サービスの登録は許可される？

Yesなら 0

まだ1度も利用していない
会員の登録は許可される？

Noなら 1

| 会員 | 1..1 | 1..多 | 利用する | 1..多 | 1..多 | サービス |

まだ1度も利用されていない
サービスの登録は許可される？

Noなら 1

(6) インタビューを続け、他のエンティティ間の関係や規則があれば図に追加して
共有します。

まとめ

▶ 入出力情報分析で、管理が必要な情報を識別し、グループ化して一覧表に整理する。

▶ 情報のグループ間の依存関係や主従関係などを分析する。

▶ 分析ER図をユーザーとのコミュニケーションに使う。

20 業務要件の文書化

Chapter 3 で個別に分析を進めてきた業務の一覧、業務フロー、ビジネス・ルール、入出力情報を総覧し、新しい業務に求められること（要件）を文書にまとめます。ここでは業務要件定義書のサンプルを示します。

⚪ 定義書の作成　〜目次のイメージ〜

事業目標の実現のため、どのような業務が必要か。この Chapter で分析し、具体化してきた業務について、次のようなフォーマット例でまとめます。

■ 業務要件定義書サンプル　目次 (マイナ・バード旅行社の事例抜粋)

業務要件定義書

目次
1-1 業務の概要
　　1-1-1 背景
　　1-1-2 基本理念
　　1-1-3 基本方針
　　1-1-4 期待される効果
　　1-1-5 本要件定義書について
　　1-1-6 情報の登録と情報の閲覧
　　1-1-7 システムの基本的な構成
1-2 規模
　　1-2-1 登録会員数
　　　・・・
1-3 利用時間
　　1-3-1 情報登録の時間
　　1-3-2 情報閲覧の時間
　　　・・・
1-4 利用場所
1-5 管理すべき指標
1-6 システム化範囲

■ 業務要件定義書サンプル（マイナ・バード旅行社の事例抜粋）

1-1 業務の概要

 1-1-1 背景   （システム化企画書から転載）

 1-1-2 概要   （システム化企画書から転載）

 1-1-3 基本方針   （システム化企画書から転載）

 1-1-4 システムの実現により期待される効果 （システム化企画書から転載）

 1-1-5 本要件定義書について

  本要件定義書は、「マイナ・バード旅行社インバウンド戦略システム化企画書（以下、システム化企画書という）」に基づき、外国人旅行者行動調査システム（以下、本システムという）に係る業務や機能等について具体化したものである。

  本要件定義書を策定する過程で、システム化企画書に追加した内容や、記載を一部変更した内容がある。よって、システム構築にあたっては、本要件定義書に基づき実施するものとする。

■ 業務要件定義書サンプル（マイナ・バード旅行社の事例抜粋）つづき

 1-1-6 情報の登録と情報の閲覧

  本システムの目的は、外国人旅行者の国内行動履歴を登録・蓄積することにある。そのため、まず、

 ① 外国人旅行者の会員登録と、翻訳サービス（携帯端末アプリ、来日期間限定）や写真投稿サービス（SNS、会員登録期間中）の提供を行う。

 ② 各旅行先にて会員の行動履歴等の情報を記録する。

 ③ 訪問先の場所、時刻等に基づく行動履歴を蓄積・管理する。

 ④ 蓄積・管理された情報は、旅行者属性別、訪問先別属性に基づき統計分析できるようにする。

  これらを実際に運用するためには、

 ① については、会員の登録、ID発行、翻訳サービス提供管理機能が必要となる。

 ② については、活動情報を取得するために本システムと連携する「GPS情報収集システム・投稿写真のAI画像解析システム」の機能が必要となる。

 ③ については、「GPS情報収集システム・AI画像解析システム」から取得した情報から、会員の行動履歴に変換し蓄積する機能が必要となる。

 ④ については、「GPS情報収集システム・AI画像解析システム」の情報と、当社で保持する「会員属性情報」「観光地属性情報」を連携させた分析レポートを作成し、レポートを閲覧する営業スタッフ・マーケティングスタッフ・役員などによって、それぞれ違う形態で閲覧環境を用意する必要がある。

以下省略

● 業務要件　一覧表で網羅を確認する

　業務の機能、業務フロー、ビジネス・ルール、入出力情報の一覧表を作成します。業務の機能、業務フロー、入出力情報については、**体系化された表を作成して、階層ごとに網羅がチェックできるように**します。また、個々の構成要素にIDをつけて、別の場所から参照できるようにします。業務の一覧には、個々の業務の特徴（Feature）を説明する欄が必要です。

　ビジネス・ルールについても、業務フローや入出力情報から相互に参照できるようにしておきます。ルールごとにIDをつけて管理します。業務の機能、業務フロー、入出力情報の一覧は、この時点で全ての洗い出しが済み、網羅が確認できることが重要ですが、ビジネス・ルールの一覧は、業務要件定義が終わっても、後フェーズの作業で追加に気づけばどんどん付け足していくことが必要です。同じ形式の一覧表ですが、このような使い方をする一覧表をカタログ表と呼びます。

■ 要件定義書サンプル（マイナ・バード旅行社の事例抜粋）　つづき

本件で行う業務について、以下の業務機能により実現する。
　業務機能一覧

大分類	中分類	小分類	業務の概要
会員管理	入会	会員登録	会員の入会申請を登録する。
	変更	継続手続き	会員の継続申請を手続きする。
		退会手続き	会員の退会申請を手続きする。

他業務の内容については、以下の別紙を参照すること。
　別紙1　業務フロー図
　別紙2　ビジネス・ルール一覧
　別紙3　入力情報一覧

　ユーザーと業務の流れを共有する際に利用した業務フロー図は、業務の代表例や特別例示が必要なものを選んで、業務要件定義書に添付します。入出力情報の洗い出しで、ユーザーにインタビューする際に利用した概念ER図も、参考情報として添付します。

　業務全般を特徴づけるものとして、今回定義する業務の「規模」「処理の時期

や時間」「処理が行われる場所」「業務の達成目標」なども、必要に応じて定義書に表します。

■ 業務要件定義書サンプル（マイナ・バード旅行社の事例抜粋）つづき

1-2 **規模**

　本システムを利用する会員数、サービス利用履歴数等の規模を以下に示す。

　　会員登録数 ×××件／年間

　　サービス利用数 ×××件／年間

1-3 **利用時間**

　1-3-1 登録（会員）の利用時間：インターネット経由で24時間365日

　1-3-2 社内スタッフの利用時間：9時〜22時、月〜土曜日

1-4 **利用場所**

　　・・・

1-5 **管理すべき指標**

　「3 非機能要件の定義」に示す要件に基づき指標を管理すること。

1-6 **システム化範囲**

　本システムは、会員登録と、当社マーケティング部、営業部、経営企画部スタッフのデータ分析に関する利用を想定している。将来的には、国内の観光関連事業者からの観光商材の登録を受け付け、各会員へ利用環境を提供する。また、事業者へは、本システムで作成する各種分析レポートを有償で提供するサービスを予定している。

以下省略

まとめ

▶ **業務の組み立て（フロー）、統制（ルール）、入出力情報を一覧表にまとめる。**

▶ **業務要件を体系的に整理し、階層ごとに網羅をチェックする。**

▶ **分析中にユーザーと取り決めたことを、業務要件定義書に文書化する。**

21 業務要件の検証

文書化された要件定義に対して、正しく記述されているか否か、品質面の確認（検証）と、事業目標の実現に寄与するか否か内容の確認（妥当性確認）の2つの観点で確認を行います。ここでは、検証の具体的な進め方を解説します。

● 検証とは

　文書化された業務要件に対して間違いがないかを確認します。具体的には、内容が**正確に記述されているか**、曖昧な点がないか、また文章全体にわたり**不整合や矛盾がないか**、内容の品質チェックを行います。文章だけではなく、提出物として添付する一覧表や業務フローなどについてもチェックし、一覧が網羅されていること、図の記号に抜け漏れがないこと、文章と図が整合していることなどを確認します。

■ 検証時の具体的な質問

組織で決めた、適切なツールや手法を使用しているか？

全てのモデルが同じやり方で要素を参照しているか？

一貫した形で、用語が使われているか？

使用されている用語が、ステークホルダーに理解できるか？

モデルの表記法やテンプレートを正しく使用しているか？

例を入れてより明確に表現しているか？

■ 検証のチェックリスト

検証の観点	説明
アトミックである (atomic)	自己完結しており、他の要求やデザインがなくても理解できる。
完全である (complete)	さらに作業を進めるのに十分なものであり、作業を継続できるだけの詳細さを備えている。
一貫性がある (consistent)	特定されたステークホルダー・ニーズに沿ったものであり、他の要求と矛盾していない。
簡潔である (concise)	無関係あるいは不必要なものが内容に含まれていない。
実現可能である (feasible)	あらかじめ合意したリスクとスケジュールと予算の範囲内で妥当であり実行可能である。あるいは、実験やプロトタイプを通したさらなる調査により実行可能であると考えられる。
曖昧さがない (unambiguous)	要求は、ソリューションが関連するニーズを満たすか、満たさないかをはっきりさせられるように、明確に記述しなければならない。
テストが容易である (testable)	要求が実現されたことを、検証できる。
優先順位が付いている (prioritized)	重要性と価値の観点から、他の全要求と比較して、格付けがされている、分類されている、あるいは協議が済んでいる。
理解が容易である (understandable)	受け手が普段使用する用語を用いて表現されている。

出典：BABOK ® V3.0

3

業務要求の分析・定義フェーズ

◉ 検証作業の進め方

　まず、文章や図表に対する基本的な文法チェック（誤字脱字、主語・述語の関係、用語、接続詞、助詞「てにをは」の正しい使用など）を済ませます。そして、上に示す「検証のチェックの観点」を参考にして、チェックリストを作成します。要件定義チーム内の複数メンバー相互に、**チェックリストに基づいて**検証を行います。「検証のチェックの観点」は、汎用的な項目が集められているので、プロジェクトの内容に応じて過不足があれば追加・削除して、プロジェクト独自のチェックリストを作成すると良いでしょう。不都合が見つかれば、できるだけその場で修正します。

全ての文書が完成してから一括して検証することもあれば、出来上がった文書から順に、五月雨式に検証することもあります。個々の文書のチェックは、それぞれの作成時点で完了させ、複数の文書や記述にまたがるチェックは最後にまとめて実施すると効率的です。

■ 検証作業の進め方

読み合わせ

業務要件
定義書

チェックリスト

ユーザー　　ベンダー
情報部門

＋

ユーザー事業部門

要件定義チーム

● 検証作業の注意点

　検証の対象数が多い場合は、重要な項目や、他項目に影響が及びそうな項目を優先し、厳しく検査する（インスペクション）ものと、そうでないものを分けます。前者について、インスペクション実施中に内容に疑義が生じれば、安易に妥協せず、さらに質疑を行い、関係者から納得が得られたならそれを文書に反映させます。後者に対しては、文書の読み合わせ（査読）にとどめておくなど、限られた時間や労力をバランスよく使うよう工夫します。

ⒸOLUMN　用語の統一

　検証の開始は、「用語の統一」「て・に・を・は」「接続詞の使い方」はもちろんのこと、フォントやサイズ、段落や、句読点など、基本事項がクリアしていることが絶対条件になります。

　官公庁案件、またはそれに準じる組織の案件は例外なくそうです。

　甘く見ていると思わぬ誤算でいつまでたっても開始できず、スケジュールが大幅に狂ってしまいます。大勢のメンバーと分担して作成する場合、表現がばらばらになってしまうことがあります。また一人で作成する場合も、「て・に・を・は」が揺れる場合があります。

　たかだか表記の問題、この後のユーザーとの検証や妥当性確認が終わったら、時間のあるときにゆっくり修正しよう、と軽く考えることは禁物です。

まとめ

- ▷ **文書化された業務要件に対して間違いがないかを確認する。**

- ▷ **重点項目以外は査読も取り入れ、限られた時間をバランスよく使う。**

- ▷ **重点項目は、チェックリストに基づいたインスペクションが有効。**

22　業務要件の妥当性確認

文書化された要件定義の内容が事業の目標実現に寄与する否か、妥当性を確認します。ここでは、ユーザー主体で行う妥当性確認の具体的な進め方や、妥当性確認の際の注意点を解説します。

● 妥当性確認とは

　文書化された要件に対して、事業の目標実現に有効であるかどうかを確認することです。Section 21 の検証が、記述内容や表現についての品質チェックであるのに対して、**妥当性確認は、要件と事業目標との結びつきを確認するもの**です。

■ 検証と妥当性確認の違い

検　証：Verification	妥当性確認：Validation
要件が正しく定義され、品質基準を満たしていることを確認する。	事業の目的・目標に整合しており、価値の提供に役立つことを確認する。

■ 妥当性確認の管理表の例

No.	業務要件	関連する事業目標	期待される効果	評価指標
1	会員管理	サービスメニュー拡充	CSの向上	満足度調査 0.2ポイント上昇
2	AI活用の行動分析	解析作業の効率化	オペレーションコスト抑制	業務コスト年間 20%削減

● 妥当性確認作業の進め方

妥協性確認を始める前に、事業目標と要件を結びつける表を作成します。

具体的には、それぞれの要件の横に、どの事業目標の実現に寄与するかを書き入れます。間接的に寄与する場合は、備考欄に、目標実現までの道筋についての補足説明を記載します。どの要件も、事業目標実現まで遡って確認できるようにしておきます。

表が準備できたら、ユーザー組織の業務担当者に依頼して、表の各要件について事業目標との関連を妥当性確認してもらいます。必要に応じてウォークスルー・レビューも実施します。ウォークスルー・レビューとは、「舞台や芝居の通し稽古」のようなもので、事業目標実現に至るまでの一連の流れをシミュレーションするものです。できるだけ具体的にイメージしてもらえるよう、説明の合間にユーザーに質問を促し、それに丁寧に回答し、ユーザーが想像しにくい業務については、具体例を用意して個別に説明する機会を設けます。

■ 妥当性確認作業の進め方

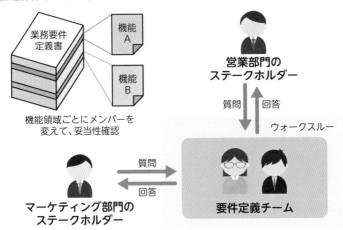

● 妥当性確認作業の注意点

妥当性確認は、ユーザー側に主体的に取り組んでもらう作業です。たとえば、要件定義チームの中の情報システム部門担当者がレビュー会を主催し、事業部

門の適任者を選んで参加してもらいます。その場で、業務要件定義を説明し、一覧表に基づいて1要件ごとに、それぞれの事業目標達成の可否を妥当性確認していきます。

　レビュー会の主体はユーザー側ですが、ベンダーの担当者として、そのレビュー会がうまく機能するように、シミュレーションの資料や実演環境を準備したり、質疑の場で応答を支援したり、全面的な協力が欠かせません。さらに、ユーザー側のレビュワーに対しては、妥当性確認のレビュー会の位置づけを明確に伝えておくことも必要です。いつもの報告会議や検討会議とは異なり、今日は、あなたの責任で判断が求められていることを告げ、自覚をもって臨んでもらうことが重要です。

　レビュー会がうまく進むように、いくつかの工夫例があります。たとえば、業務要件定義を、業務ごと、部署ごとに分割し、複数回レビュー会を催し、まずは部署ごとに妥当性確認を行います。妥当性確認に参加する担当者は多忙なことが多く、何度もレビュー会に呼ばれたり長時間拘束されることを嫌います。レビュー会では自部署の議論に絞る方が得策です。最後に、全体を見直して部署間で矛盾がないか、依存関係は正しいかなど、ユーザー組織のキーパーソンを呼んで妥当性確認してもらいます。部内担当者には「自分のいない場で勝手に決まってしまった」と誤解されぬよう、事前に何か手を打っておくことも必要です。もうひとつの工夫例は、要求ごとに、前提条件と目標達成後の効果を示すことです。**測定可能な値で示すことで、より現実的、実務的な妥当性の確認ができるようになります。**測定可能な値というのは、たとえば、顧客満足度1.0ポイントアップなどのように財務以外の目標でもかまいません。

まとめ

- ▶ どの要件も、事業目標実現まで遡って確認できることが重要。
- ▶ 妥当性確認は、ユーザー側に主体的に取り組んでもらう作業。
- ▶ 目標達成後の効果を測定可能な値で示して妥当性確認する。

OLUMN　システムを取り巻く2つの環境変化

　日々、プロジェクトの仕事に没頭していると、外部の社会環境の変化に気づきにくいものです。皆さんや、皆さんの先輩SEの方々は、90年〜2000年代にかけてシステムを取り巻く2つの大きな変化に気づいているでしょうか?

　まず、品質の捉え方の変化。「結果に着目」から「プロセスに着目」へ。90年代は、いかに欠陥のない完成品を作るか、結果に注目する品質統制 (Quality Control) が重視されていました。現在は、品質保証(Quality Assurance)、すなわち途中過程の品質をしっかり保証する考え方が主流です。途中の品質を保証すれば、自ず完成品も間違いないものができるという考えです。
　要求分析や要件定義の目標は、定義書を完成させることではありません。途中過程のインタビューや議論、分析をしっかりと行うことが目標です。それら議論や分析の品質が担保されていれば、結果として定義書は抜け漏れのないものが完成するはずだ、という考え方です。
　要求分析や要件定義において、途中過程はユーザーの関与が欠かせません。ユーザーの潜在的な要求を引き出し、意図を理解しないと目標は達成できません。ユーザーへのインタビューやディスカッションの質が重視されます。従来、SEに求められた「ヒアリング(聞き取り)」スキルとは異なる次元のコミュニケーションスキル (インタビューやファシリテーション) が求められています。

　2点目は、プロセスに対する変化。「エンジニアリング重視」から「マネジメント重視」。90年代末に、世界中の組織で、BPR (Business Process ReEngineering) が盛んに行われていました。BPRとは、ビジネスプロセスの再構築です。その後、BPRからBPM (Business Process Management) に軸足が移りました。再構築することが目的ではなく、そのプロセスで実際に効果が確認されなければ意味がありません。更に効果を維持するためには、継続的に管理し、効果の測定方法や是正手段についても計画しておく必要があります。　要求分析や要件定義においては、要件を定義するだけでなく、要件実現後の効果測定や是正の方針も定義書の中に含めておくことが求められます。効果いかんによっては、システムの廃棄も予め考慮しておかねばなりません。設計・開発を請け負うベンダーならば、仕事の範囲はシステムの完成、納品迄ですが、要件定義を行うベンダーであれば、システムの誕生から寿命まで、ライフサイクル管理の視点が求められています。

4章

機能要求の
分析・定義フェーズ

マイナ・バード旅行社の事業目標の達成を支え
る業務が明らかになりました。次は、業務実現
に必要なシステムを定義します。システムのプ
ロである皆さんの真価発揮の場面です。日々の
業務で使う画面や帳票を具体化し、ユーザーイ
ンターフェースやシステム間の連携を組み立て
ていきます。それでは、システム要求を分析
し、漏れなく定義する方法をみてみましょう。

23 機能要求の分析・定義フェーズの全体像

新しい業務（オペレーション）を実現するために、どのようなシステムが必要か、新システムの機能を詳細化します。ここでは、分析から定義書にまとめあげるまでの一連の流れを解説します。

● 機能要求の分析・定義の対象

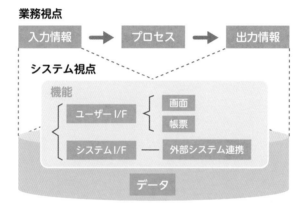

● 新システムのあるべき姿をモデリングする

　機能要求の分析・定義は、業務要件を実現するために、システムに求められる機能を具体化します。「新しいシステムはこうあるべき」という姿をイメージアップしながら、システムに必要な機能を明らかにします。イメージアップは、次の**5つのタイプ**に分けて整理します。

　1.**システム機能**：業務を構成するシステム機能を整理する。
　2.**画面**：オンライン処理で使用する画面を整理する。
　3.**帳票**：オンライン処理およびバッチ処理で使用する帳票を整理する。
　4.**データ**：業務で使用するデータと、データ間の関係を整理する。

5.**外部接続**：外部組織と送受信するデータを整理する。

● 分析・定義フェーズの構成要素

本Chapterでは、それぞれのシステム機能の要求分析から要件の定義、文書化について説明します。

■ 機能要求分析・定義フェーズの構成要素

現行システムの調査	現行システムが存在する場合は、本システム化案件に関係する範囲を特定して、現行システムの機能、フロー、画面、帳票、データ、外部接続等について実態を確認します。
画面、帳票、データ、外部接続に関する分析・定義	業務で使用する画面、帳票、データ、外部接続を洗い出し、それぞれに求められること（要求）を分析し、要件を定義します。
機能要件の文書化	上記で分析・定義した内容を文書化して、「機能要件定義書」を作成します。

● システムで何を実現するのかを分析・定義する

要件定義の最終目標は、「**システム規模の見積もりができること**」「**次の設計工程で困らないレベルの情報が引き継げること**」の2点です。業務要件の内容を、より具体化・詳細化する際に、「何をどの範囲までシステムで対応すべきか」を定義して文書化します。「どのように実現すべきか、実現の方法」については、分析途中にイメージすることはあっても、要件定義では、文書化の必要はありません。

まとめ

▶ **新システムのあるべき姿を具体化する。**

▶ **機能、画面、帳票、データ、外部接続に分けて分析する。**

24 現行システムの利用調査

既存システムが存在する場合は、その設計書や操作マニュアルを閲覧し、利用者へのインタビューを実施して、稼働や利用の実態を把握します。これらをチーム内で共有し、新システムを定義する際の参考にします。

● 調査は選択と集中

　前のChapterでは業務要求の理解のため、現行業務の調査を行いました。今度はシステムの側面から、利用状況を調査します。現行システムに対して正確な理解が欠かせないのですが、隅々まで把握する必要はありません。最初に現行システムの全容を把握し、今回の業務要件定義に関係が深い部分を見極め、そこに的を絞って調査を進めます。既存の設計書や操作マニュアルと異なる運用を行っている場合もあるので、現場の担当者へのインタビューも行います。が、現状のシステムに対して**問題に感じていることを聞くのではなく、事実を正確に認識する**という点から、設計書や操作マニュアルと異なる部分とその理由を明らかにするようなインタビューを心がけると良いでしょう。

■ 現行システムの全容を把握する

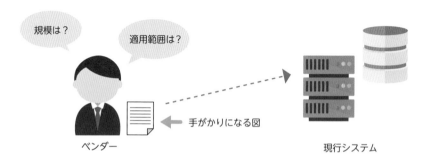

● 機能の綻びに注目する

　現行システムの調査は、システムの設計書や操作マニュアルを読んだり、実際に稼働しているシステムを操作させてもらったり、また、ユーザーの操作を近くで見せてもらったり、インタビューで確認させてもらうなどして進めます。ただ、見聞きしたものをそのまま受け止めるというのではなく、次の点に注目しながら理解を深めましょう。

・機能がきれいに分割されていない部分はないか？（**整理されていない**部分）
・重複が見られる部分はないか？（**共通化が進んでいない**部分）
・複数の機能が**依存しあっている**部分はないか？（前後関係が厳密に決まっている部分など）
・機能の**粒度に極端に差が見られる**部分はないか？（複雑すぎる処理や、単純すぎる処理など）

　これらが全て悪いわけではありませんが、注目することで、何らかの改善が導き出されることが多い部分です。

● 肥大した画面、帳票をスリムに

　現行システムは、ユーザーの要求を次々に実現していくうちに、画面や帳票の数が増えてしまった可能性があります。最近はあまり使用していない画面や帳票、使用頻度が低いもの、目的が極端に限定されているものなどを特定しておきましょう。

　不要なものは整理・廃止する方向で、この先もいたずらに増えていくようなことがないよう注意しながら調査を進めていくとよいでしょう。

■ 不可欠なものか判断する

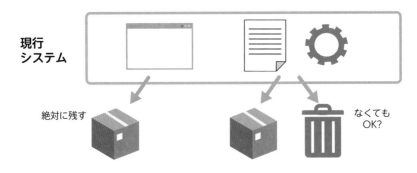

ユーザーの運用上の工夫に注目する

　現行システムの設計書や操作マニュアルと異なる運用をしている部分に注目します。システムの不具合がなくても、長年使っているユーザーが自分たちの使いやすいように工夫している点は、新システムでも採用すべきポイントとなるかもしれません。どのように工夫しているかという点だけではなく、**なぜその工夫が必要になったのか、その理由をインタビューで明らかに**しておきましょう。

■ 工夫点をインタビューで明らかにする

● 実現手段を文書化しない

　調査中に発見した問題点に対して、無意識のうちに改善策まで考えを進めてしまいがちですが、ここでは、**利用実態の把握にとどめましょう**。どのように改善するのかを考えるのではなく、**何を改善すべきかを明らかにする**のが要件定義です。ここで、改善の手段をイメージするのは悪くはありませんが、それを要件定義書に記すことは控えなければなりません。

　また、現行システムの調査中に、根深い問題に気づいてしまうことがあります。根本原因を追究しなければなりませんが、**システムの側面からではなく、業務の仕組みに注目して原因の深掘りを進めます**。必要であれば、この部分について業務要求の分析・定義 をやりなおします。

■ 手段の特定はまだ行わない

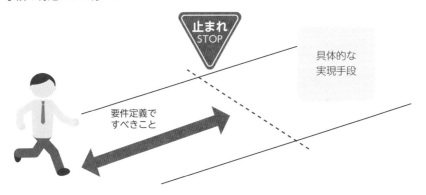

まとめ

▸ **現行システム利用調査は、業務要件定義に関係が深い部分に的を絞る。**

▸ **既存の設計書やマニュアルと実運用の相違点やその理由に注目する。**

▸ **調査を通して、何を改善すべきかを明らかにする（改善方法の検討ではない）。**

25 システム機能に関する分析・定義

業務要件で定義されている業務の機能(Feature)を実現するために、システム機能(Function)を洗い出して整理します。ここでは、システム機能の分析・定義のポイントを解説します。

● システム機能分析・定義の位置づけ

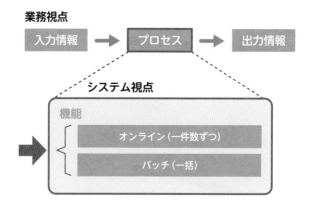

● 新業務を実現するシステム機能を紐づける

　業務要件で定義した「業務一覧」の中から、情報システムで実現する「処理」を抽出します。「処理」は、利用者が情報システムに対して1件ずつ処理を依頼するタイプと、複数件まとめて一括して処理を依頼するタイプの2種類に大別されます。

　前者をオンライン処理、後者をバッチ処理と呼びます。

業務の分類	機能名	機能の概要	処理区分	部門
会員管理	会員新規登録	会員情報を新規登録する。	オンライン	マーケティング
	会員属性修正	登録済会員情報を修正する。	オンライン	マーケティング
	会員削除	登録済会員情報を削除する。	オンライン	マーケティング
	会員照会	登録済会員情報を照会する。	オンライン	マーケティング
観光商材提供事業者管理	事業者新規登録	事業者情報を新規登録する。	オンライン	営業
	事業者属性変更	登録済事業者情報を修正する。	オンライン	営業
	事業者削除	登録済事業者情報を削除する。	オンライン	営業
	事業者照会	登録済事業者情報を照会する。	オンライン	営業

● 構造化の手順

　構造化については、大分類、中分類、小分類のように階層化しながら分類・整理します。「オンライン機能」「バッチ機能」と大別したり、利用するタイミングに注目して、「通常処理」「例外処理」や「定期処理」「随時処理」に分けたり、頻度に注目して「月次処理」「日次処理」のように分類整理します。

　業務一覧の中には、システムを使わず手作業で行う機能も含まれているので、それらはシステム機能一覧の中に含める必要はありません。また逆に、ユーザーが直接行う機能ではないけれど、業務を維持するのに必要なシステム機能もあり、それらはシステム機能一覧に記します（例えば、データのバックアップ処理など）。

　業務機能とシステム機能は、一対一の関係ではありませんが、それぞれの紐づけを明らかにしておくことが必要です。業務機能は必ず事業目標に紐づいています。業務機能とシステム機能を紐づけると、**ひとつひとつのシステム機能が、どの事業目標の実現に繋がるのかが確認**できます。

4

機能要求の分析・定義フェーズ

● メイン機能とサブ機能（補助機能、支援機能）

　たとえば、ネットショッピングでは、「購買業務」に紐づくシステム機能を「商品選択機能」「精算機能」「配送先指定機能」といった大きな括りで洗い出すこともあれば、画面上で、あるボタンをクリックすることで、商品がカートに入る機能、商品の代金を自動計算してくれる機能、配達先の住所登録で、郵便番号を入力すると市区町村が自動補充される機能など、非常に細かいレベルで機能の洗い出しを行うこともあります。

　どのレベルまで具体化するかについて決まりはありませんが、一般に、システム機能の定義では、業務を直接実現する機能（メイン機能）を一覧表に含め、上の例のように、ボタンをクリックして行う補助機能や支援機能（サブ機能）は、設計工程のドキュメントに記すことが多いです。

　また、一般的な登録では、最初にログイン認証機能、最後に入力内容確認機能のように、共通するシステム機能もあります。共通機能についても、メイン機能の一部分（パーツ）という扱いで、設計工程のドキュメントに記します。

　どのくらいの詳細度で洗い出し定義するかは、ユーザーとベンダーが案件ごとに協議しながら決めることになりますが、要件定義書の読み手である承認者や、後の工程の開発者が要件を正しく理解できるかどうかで詳細度を判断をすると良いでしょう。

COLUMN　要件定義での図表づくり

　画面や帳票、データの分析は、設計工程と似た図が多く、どうしても細かくなりがちです。機能、画面、帳票、データ、外部接続についての「一覧表」は、作業規模を見積もるのに必要なので、抜け漏れは避けなければなりませんが、それぞれ全ての詳細を作図する必要ありません。特殊なもの、見積もりに影響する複雑なもののみを対象に、補足の説明資料や裏付け資料として、詳細や図を添付する方針で考えましょう。

■ 業務要件の実現に必要なシステム機能

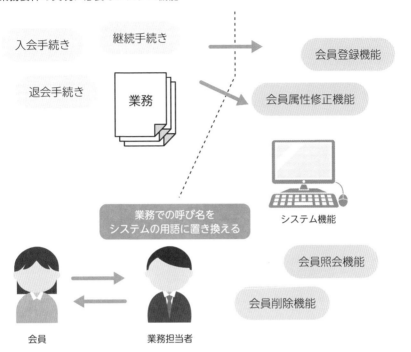

まとめ

▶ **新業務を実現するためのオンライン機能やバッチ機能を明らかにする。**

▶ **システム機能を階層構造で整理し、洗い出しに抜け漏れがないか確認する。**

▶ **メイン機能とサブ機能（補助や支援）を区別して詳細化を進める。**

26 画面に関する分析・定義

新しいシステムで使用される画面を業務フローから洗い出して整理していきます。
ここでは、画面の種類とそれぞれの画面に求められる機能を分析・定義する際のポイントを解説します。

● 画面分析・定義の位置づけ

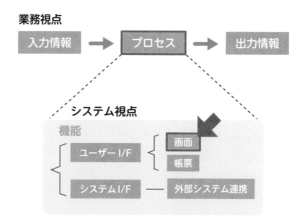

● 業務に必要な画面の洗い出し

　「機能一覧」で洗い出した機能、中でもオンライン機能について、どのような入力が必要か、それらをどのように画面に展開するかを整理します。業務要件定義で作成した業務フローに照らし合わせながら、画面を使用する場所を特定し、それぞれの画面にIDと名前をつけて一覧表にまとめます。

■ 画面一覧の例

分類名	画面名	概要	関連する機能	備考
会員管理	メインメニュー	会員管理に関する操作に進む	会員・マーケティング担当者	
	登録メニュー	会員情報の新規登録に進む	会員・マーケティング担当者	
	管理メニュー	会員情報の修正・照会・削除へ進む	マーケティング担当者	
翻訳・SNS投稿サービス利用管理	ログイン画面	ログインID、パスワードを入力する	会員	
	基本登録画面	会員の基本情報を新規登録する	会員	
	詳細登録画面	会員の基本情報を新規登録する	会員	
	修正画面	登録済みの会員情報を修正する	会員	
	照会画面	登録済みの会員情報を照会する	会員・マーケティング担当者	
	削除画面	登録済みの会員情報を削除する	会員・マーケティング担当者	
行動分析	会員の移動分析	会員属性別、地域別、時期・期間別分析	マーケティング担当者 経営企画スタッフ	将来は、観光商材提供事業者も一部の画面を利用予定
	会員の滞在分析	旅行中の滞在訪問先別、訪問時間帯別分析	マーケティング担当者 経営企画スタッフ	
	旅行者の移動傾向予測	旅行者の属性別、地域別、時期・期間別の行動傾向予測	マーケティング担当者 経営企画スタッフ	
	旅行者の滞在傾向予測	旅行中の滞在訪問先別、訪問時間帯別の行動傾向予測	マーケティング担当者 経営企画スタッフ	

⦿ 機能の割り当て

　1つの機能に対して、入力がたくさんある場合は、1画面ではなく複数の画面に分割します。どの程度細かく分けるかは、それぞれの業務の特徴やユーザー組織の考え方によります。たとえば、ネットショッピングで、「商品を検索する」「商品をカートに入れる」「買い物を確定する」「支払い方法を指定する」「配送情報を指定する」など、複数のサブ機能に分割することがあります。この場合、サブ機能ごとに画面を1つずつ割り当てるのか、または、複数のサブ機能を1画面にまとめるのか、ユーザーの要望を聞いて検討を進めます。一般に、目的ごとに画面を分けると1画面の情報はすっきりとわかり易くなりますが、戻るボタンをクリックしたときなど制御が複雑になりがちです。

　さらに、「商品をカートに入れる」サブ機能について、商品ごとに色やサイズの指定、数量の入力、カート内の商品を一時保留にしたり、キャンセルする、

入力途中に戻るボタンをクリックする、再び進むボタンをクリックするなど、**画面の動きをシミュレート**しながら、ユーザーがシステムに期待することをしっかり共有します。必要に応じて、ラフな画面スケッチを描き、紙芝居のようにユーザーに見せながら、複雑な部分についてしっかりと深掘りしましょう。この紙芝居を使ったプロトタイプ（試作）ツールをストーリーボードと呼びます。それらストーリーボードで得た要求をとりまとめ、**画面遷移図で体系的にまとめます**。

■ 画面遷移の例

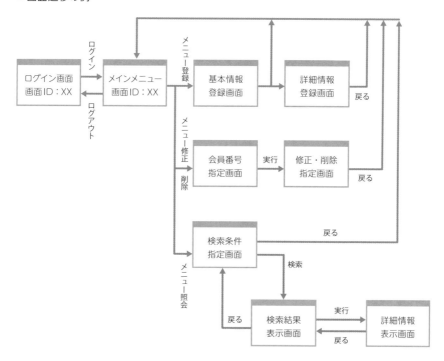

120

● 画面に関する分析作業のポイント

画面に関する分析では、最終的に網羅的な画面一覧の作成を目標にしますが、**インタビューを通してユーザーの要求をより具体化**させたり、**隠れた要求を引き出し**たりします。分析作業中に明らかになったユーザーの要求は、要件定義書に文書化します。「支払い確定後は商品選択画面へ戻れぬよう制御すること」のようにシステムで実現すべきことを列挙します。

● 分析を通して標準化を検討する、システム規模を明らかにする

要求分析のディスカッションを通して、ユーザーのシステムに対する考え方や方針を徐々に方向付けします。たとえば、「買い物の確定」で最終確認のボタンを別画面に用意するか、同じ画面内に表示するか、など**標準化の方針を固めていく**よう、ベンダーがユーザーを導きます。

また、要件定義は、システム規模を明らかにする目的もあるので、業務の実現に必要な画面を抜け漏れなく洗い出し、画面の総数を明らかにするとともに、**各画面の詳細度を把握する**ことも必要です。詳細度は画面のレイアウトで検討をつけることができます。ただし、要件定義フェーズでは、**画面一覧に掲載された画面のすべてのレイアウトを作成する必要はありません**。代表的なパターン数種類について、おおよそのレイアウトを例示すればよいのです。

まとめ

- ▶ 業務フローを参照し、画面が使用される場所を漏れなく洗い出す。
- ▶ 画面分析を通して、要求を具体化し、隠れた要求を引き出す。
- ▶ 画面遷移図で処理の流れや画面の使われ方をユーザーと共有する。

27 帳票に関する分析・定義

新しいシステムで使用される帳票を洗い出し、利用シーンをイメージしながら、整理していきます。ここでは、帳票に関する要求を分析・定義する際のポイントを解説します。

● 帳票分析・定義の位置づけ

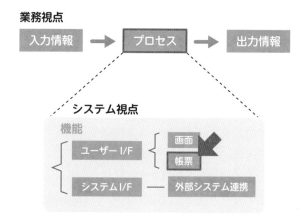

● 業務に必要な帳票の洗い出し

　「機能一覧」で洗い出した機能について、業務要件定義で作成した業務フローを参照しながら、業務に必要な「帳票」を洗い出します。オンライン機能だけでなく、バッチ機能も分析の対象です。たとえば、夜間バッチの処理で生成される集計レポートや、異常発生時のエラーリストなど、どこで、どのような帳票が出力されるかを特定し、それぞれの帳票にIDと名前をつけて一覧表にまとめます。

■ 帳票一覧の例

分類名	帳票名	概要	区分	頻度	保管	利用部門	備考
行動分析（統計解析）	利用状況レポート	マイナ・トーク（携帯翻訳アプリ）の利用状況集計の報告書	バッチ	日次	半年	システム	将来は、観光商材提供事業者も一部の画面を利用予定
	会員行動実績レポート	会員の訪問先別、時間帯別分布等、観光動態実績のサマリーレポート	バッチ	月次	1年	マーケティング	
	会員行動分析レポート	会員の移動、滞在別分布等、観光動態のアドホック分析結果のレポート	オンライン	随時	指定なし	マーケティング	
	旅行者傾向予測レポート	蓄積データに基づいて、インバウンド旅行者の傾向予測レポート	オンライン	随時	指定なし	経営企画	

*各帳票主要項目は、別紙「帳票項目一覧表」を参照

● 利用状況をできるだけ正確に把握する

　「画面」については、利用者の作業環境は想像しやすいものですが、「帳票」については、利用される状況をベンダーが正確に想像しきれず、適切な定義ができないことがよくあります。帳票が加工・生成されるシーン、帳票が参照されるシーンをできるだけ正確に把握するため、**利用目的や利用場所、時間帯について、ユーザーとしっかりと共有**しましょう。帳票が何種類必要か、どのようなレイアウトが適切かは、実際の利用シーンによって大きく変わります。たとえば、利用者はオフィスの机の上に帳票を広げ、大量の細かい数字をじっくり眺めるかもしれません。あるいは、物流倉庫の荷捌き場で忙しく歩き回りながら、検品作業のために帳票を片手に持って、短い時間内にてきぱきと使うかもしれません。また、用が済んだらすぐに廃棄される帳票かもしれないし、別の場所で集約・保管・再覧される帳票かもしれません。全般的にペーパーレスが進んでいますが、電子媒体の持ち込みが物理的に難しい環境もあり、紙媒体が求められる現場もあります。

　一覧表にまとめるにあたり、**帳票の利用シーンを正確にイメージすることが不可欠**なのです。1ページ内に求められる情報量や適切な文字の大きさはどれぐらいか？そして、特に紙媒体なら**1回にどれ位の嵩やスピードで出力**される

かに至るまで、ユーザーと共通のイメージを持つことが要件定義の精度向上に
つながります。

■ 利用状況をイメージアップ

🔵 帳票に関しての、システム規模の見積もり

画面に関する分析でも述べましたが、要件定義は、システム規模を明らかに
する目的もあります。業務の実現に必要な帳票を抜け漏れなく洗い出し、帳票
の総数を明らかにするとともに、各帳票の詳細度を把握するためレイアウトを
例示します。帳票のレイアウトの特徴に応じてパターン分けをし、それぞれの
パターンの標準的なレイアウトを作成します。

● ユーザーの要求を設計工程に引き継ぐ

　それぞれの帳票の利用目的を満たし、1ページ内に過不足ない情報量をレイアウトするのは、意外と難しいものです。多くの項目のうちどの項目が必要不可欠か？　日常的に使うユーザーだけではなく、別の場所で再覧のために使うユーザーはいないか（監査やトラブル発生時に遡って見る）、後者のニーズにまで対応が行き届かないのは残念です。**必要なユーザーを漏れなく特定すること、ページの隅々まで効率的に使うためにヘッダーを上手に使う**ことなど工夫が欠かせません。また、どのように情報をグルーピングし、改ページするかについても、見やすさと出力量のバランスを考慮することが必要です。改ページが多いとページ内の情報はまとまりがあり見やすい反面、出力量は増えます。1回数十枚なら大差はありませんが数千枚の出力の場合、差は無視できません。出力はボリュームだけでなく処理時間にも影響が及びます。**平常時と繁忙時の出力量も忘れずに試算し**ておきましょう。

　通常、帳票のレイアウトは、後の設計工程で本格的に行われますが、設計工程では、現場のユーザーとの接点もかなり少なくなります。要件定義で、ユーザーと直接ディスカッションし、満たすべき要件をしっかり定義して、設計工程に役立つ方針や標準的なレイアウトを引き継ぐことが望ましいのです。

まとめ

- ▸ **オンライン**だけでなく、**バッチ機能**も対象にし、漏れなく帳票を洗い出す。
- ▸ **ユーザーにインタビュー**して、帳票の利用目的やシーンを正確に把握する。
- ▸ **帳票のレイアウト**だけでなく、**出力量やスピード**なども把握が重要。

28 データに関する分析・定義

新しいシステムで使用されるデータを画面や帳票のサンプルを参照しながら洗い出し、システムで使うテーブルや項目を具体化して整理していきます。ここでは、データに関する要求を分析・定義する際のポイントを解説します。

● データ分析・定義の位置づけ

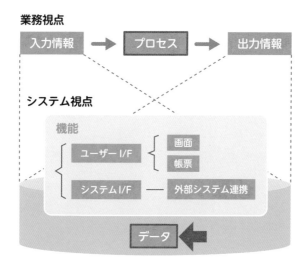

● 業務に必要なデータの洗い出し

　業務要件定義で作成した入出力情報一覧やエコシステムマップ、コンテキスト図、分析ER図、画面や帳票の分析時に作成した資料を参照しながら、業務に必要な「データ」を洗い出します。

　具体的には、画面から入力されるデータをどのようにデータベースに記録するか、またデータベースからどの項目を取り出して帳票に出力するかを特定し、

主要な**データ項目を一覧表に**まとめます。業務要件定義の入出力情報は、全体を俯瞰しながら、トップダウン視点で情報の塊を特定しましたが、システム要件定義では、**ボトムアップ視点で、画面や帳票で扱われる具体的なデータ項目を吟味**します。この情報の塊は、後のデータベースの設計工程では表（テーブル）、その中のデータ項目は列（フィールド）に置き換えられます。

■ テーブル一覧の例、項目一覧の例

分類名	テーブル名	概要	備考
マスタ	会員情報	会員情報	
	観光商材提供事業者情報	マイナトーク（携帯翻訳機）の取扱い代理店情報	
	観光マッピング情報	社内の国内事業部門で保持する施設、観光属性情報	
トランザクション	サービス利用履歴	マイナトーク（携帯翻訳サービス）の利用履歴	
	行動履歴	会員端末から収集されるGPSデータ	

■ 項目一覧の例

テーブル名	項目名	データ型	桁	備考
会員情報	会員番号	数値	10	
	会員氏名	文字	20	
	入会日	日付	8	YYYYMMDD
	ステータス	文字	2	

　主要項目の洗い出しは、画面や帳票の分析を相互に参照するだけでなく、業務要件定義で行ったビジネス・ルール一覧も参照します。項目一覧の中にリストアップされるｘｘ区分や△△種別は、ビジネス・ルールの「定義づけのルール」に抜け漏れがないか再確認することができます。

● データのライフサイクルの確認

データ項目を一覧にまとめる際に、それぞれのデータがどこで生まれ、どこで参照されるのか、**ライフサイクル（一生涯）の視点で整理**します。具体的には、データに対する一般的な操作（作成、参照、更新、削除）を、次のようにマトリクス（CRUD図）で表わし、データとシステム機能のつながりを再確認します。参照されているデータが、どこで生成されたか不明な場合、データを生成させる機能や画面の洗い出しが漏れている可能性があります。逆に、生成されたデータが、一度も参照されないケースでは、そのデータの必要性を吟味したり、参照する機能や帳票の洗い出しに漏れがないか再確認してみましょう。自システム内で生成や参照が該当しない場合は、外部のシステムから受け取ったり引き渡したりするケースがあります。

■ CRUD図の例

システム機能		テーブル						
		マスタ				履歴管理		
		会員	事業者	： ： ：	： ： ：	サービス利用	行動	： ： ：	： ： ：
会員管理	新規登録	C						
	属性修正	U						
	会員削除	D						
	会員照会	R						
事業者管理	新規登録		C					
	属性修正		U					
	事業者削除		D					
	事業者照会		R					
移動分析	動線分析	R				R		
	地図別分析	R				R		
滞在分析	訪問地別分析	R					R	
	滞在先分析	R	R				R	

C:Create(作成), R:Refer(参照), U:(更新), D:(削除)

※会員テーブルや事業者テーブルは、C,R,U,Dの全てが確認できるが、
　サービス利用テーブルや行動テーブルは、Rしか確認できない。
　データの作成場所の認識が漏れていることがわかる。

● 詳細化

　一般に、項目定義は、要件定義終了後の設計工程で完成させます。要件定義では、主要項目の洗い出しに留めておくとよいでしょう。各データの型やサイズ（桁数）などの属性については、画面や帳票から洗い出す際に情報収集が済んでいるのであれば、それらを要件定義のドキュメントに含めることもあります。

　データベースに精通している人は、機能要求の分析フェーズで概念ER図を論理ER図に展開することもありますが、それは設計工程で実施すると良いでしょう。要件定義では、ユーザーがシステム機能を理解するのに必要な範囲にとどめます。主キー項目や外部キー項目、多対多の関係を解消する（連関エンティティの作成）など、正規化に関する考慮は、設計工程でエンジニアが精緻化し、完成させます。

まとめ

▶ 分析中の画面や帳票サンプルから、入出力データの格納場所を定義する。

▶ データのライフサイクルを確認し、洗い出しの抜け漏れを防ぐ。

▶ テーブルごとの主要項目を一覧表にまとめ、設計に引き継ぐ。

29 外部接続に関する分析・定義

新しいシステムで使用される外部接続を洗い出し、利用シーンをイメージしながら、整理していきます。ここでは、外部接続に関する要求を分析・定義する際のポイントを解説します。

● 外部接続分析・定義の位置づけ

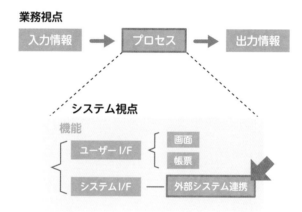

● 業務に必要な外部システムとの連携の洗い出し

　事業の目標を達成するために、一部の機能をアウトソーシングしたり、外部のサービスを取り入れたりすることがあります。また、既存の社内システムと連携することもあります。相手先のシステムとどのような情報の受け渡しが必要か、一覧表にまとめます。外部システムとの連携を「外部接続」または「外部インターフェース」と呼ぶことがあります。

事業側で合従連衡の機会も珍しくなく、システムでも、クラウドサービスや、市販のパッケージ製品を組み合わせてシステム構築することが多くなっているので、外部接続に関する分析は、他システムとの連携を積極的に検討し、要件定義の中でも今後重要度が増していくことが予想されます。

● 接続先についての認識

　どこで、どのような連携が必要かは、計画時点でインタビューして作成したエコシステムマップのような全体像と照らし合わせるとよいでしょう。

■ 外部接続構成図の例

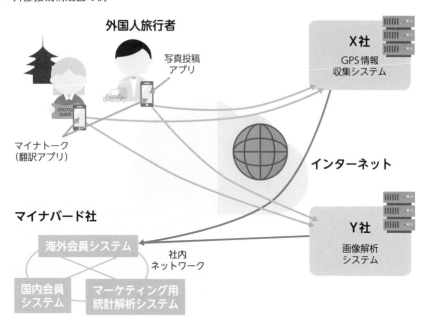

また、連携先との間でやりとりする送受信情報の中身については、データに関する分析で作成した「CRUD図」がヒントになります。たとえば、本システムの中で参照はしているけれど、データ生成の場所が見当たらないケースや、逆にデータを生成して格納しているものの、どこにも利用されていないケースが見つかることがあります。これらは、外部のシステムで生成されたデータを受け取ったり、外部システムへデータを引き渡したりするケースが想定されます。

連携は漏れなく洗い出し、それぞれの接続について情報収集につとめましょう。**情報収集や確認、取り決めは早くに着手する**に越したことはありません。

◉ 要件定義で分析着手、詳細化は設計工程で

最終的には、外部接続を一覧表にまとめるのですが、これは今までの画面や帳票一覧とは異なります。画面や帳票一覧は、体系的に分析し、網羅が確認できてから一覧表にまとめあげるという取り組みでした。一方、外部接続の一覧表は、想定される連絡先・接続を特定し、詳細は、その都度追加していくというものです。接続の詳細な内容が確定していなくても、「未定」や「検討中」を含んだままでもよいので一覧表に追加します。連携先に確認して回答を待ったり、交渉して相手に特別な対応をお願いしたり、スケジュール通りに進まなかったり、検討のやりなおしなど一覧表の完成は時間がかかることも少なくありません。

■ 外部接続一覧の例

外部インターフェース名	概要	相手システム	送受信区分	送受信データ	送受信のタイミング	送受信の条件
GPS連携	マイナ・バード（携帯翻訳機）から収集されたGPSデータを受信する	XXサービス	受信	GPSデータ	夜間	日次
地図情報連携	地図へのマッピングデータを受信する	YYシステム	受信	地図情報データ	夜間	日次
社内統計解析システム連携	社内の統計解析システムとデータを連携する	社内統計解析システム	送信	GPS解析データ	週末	週次

通常は、要件定義の後の方式設計で詳細を詰めていきますが、少なくとも**要件定義で、連携先と実現の方向性について認識を合わせておく**必要があります。一覧表に挙げておくことで、要件定義チームのメンバーにも進捗が共有でき、残る作業も明確になります。

　要件定義の段階で、一部の外部接続について詳細を決めることがあるかもしれません。が、必要最低限にとどめておきましょう。機能要求の分析フェーズで実現手段を選択し、確定してしまうと、設計工程で足枷になることがあります。方式設計で、それぞれの接続に詳しいエンジニアに総合的に判断してもらい、最新の技術や、安定した技術の採用など、広く検討してもらうべきです。その場面で決定済みの事項があると、それが影響して、他の選択肢の幅を狭めてしまう恐れがあります。要件定義で詳細まで決める必要がある場合は、設計工程の担当者が参照できるよう、決定に至った経緯や、取捨選択の判断流を要件定義書に明記し、引継ぎましょう。

まとめ

▶ **下調べや段取り時に描いた俯瞰の図から外部接続先を認識する。**

▶ **詳細未確定の接続先も、認識の都度、接続一覧表に書き足していく。**

30 機能要件の文書化

Chapter 4 で個別に分析を進めてきたシステム機能、画面、帳票、データ、外部接続情報をとりまとめて、新業務の実現に必要な機能要件を文書にまとめます。ここでは機能要件定義書のサンプルを示します。

● 機能要件の定義例

■ 機能要件定義書サンプル　目次（マイナ・バード旅行社の事例抜粋）

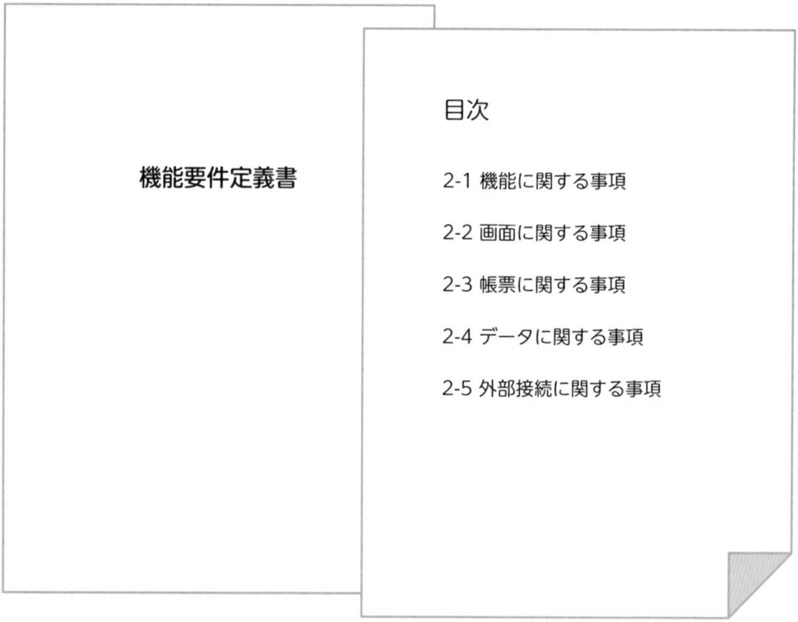

機能要件定義書

目次

2-1 機能に関する事項

2-2 画面に関する事項

2-3 帳票に関する事項

2-4 データに関する事項

2-5 外部接続に関する事項

■ 機能要件定義書サンプル（マイナ・バード旅行社の事例抜粋）

2-1 機能に関する事項

本システムの機能一覧を示す

業務の分類	機能名	機能の概要	処理区分	利用部門	備考
会員管理	会員新規登録	……	オンライン	マーケティング	
	会員属性修正	……	オンライン	マーケティング	
	会員削除	……	オンライン	マーケティング	
	会員照会	……	オンライン	マーケティング	
翻訳・SNS投稿サービス利用管理	利用登録（開始・終了）	……	オンライン	マーケティング	
	利用照会	……	オンライン	マーケティング	
観光商材提供事業者管理	事業者新規登録	……	オンライン	営業	
	事業者属性変更	……	オンライン	営業	
	事業者削除	……	オンライン	営業	
	事業者照会	……	オンライン	営業	
行動分析	GPSデータ受信	……	バッチ	システム	
	画像解析データ受信	……	バッチ	システム	
	観光マッピング情報受信	……	バッチ	システム	
	社内分析用データ作成（会員属性付加）	……	バッチ	システム	
	会員行動分析	……	オンライン	マーケティング経営企画	
			オンライン	マーケティング	

以下省略

本システムの全般に関する要件を示す

1. 業務フローについては具体的な検討結果に基づき、適切な処理順となるように（必要な作業項目等があれば追加）再度検討し、提案すること。

2. ログインIDやパスワードを忘れた利用者に対して、本人確認を行った上で、ログインIDの再発行ができること。パスワードの再発行は、自動応答により自分自身で再設定することを想定する。

以下省略

　機能要件定義書の各事項は、それぞれ「一覧と要件の箇条書き」のセットで構成します。一覧表は、システム規模の見積もり根拠となるので、必要なものはすべて洗い出し、漏れがないよう作成します。要件の箇条書きは、分析フェーズでユーザーと合意した内容を整理し、箇条書きで列挙します。これらは、**過度に細かく規定するのではなく、方針やルールなど、設計工程の担当者にユーザーの意図を正しく伝えることが目的です。**

■ 機能要件定義書サンプル（マイナ・バード旅行社の事例抜粋）

2-2　画面に関する事項

本システムで利用する画面の一覧を示す

分類名	画面名	概要	主要項目	利用者	備考
会員管理	メインメニュー	会員管理に関する操作に進むメニュー	……	会員・マーケティング担当者	
	登録メニュー	会員情報の新規登録に進むメニュー	……	会員・マーケティング担当者	
	保守メニュー	会員情報の修正・照会・削除へ進むメニュー	……	マーケティング担当者	
翻訳・SNS投稿サービス利用管理	ログイン画面	ログインID、パスワードを入力する画面	……	会員	
	新規登録画面（基本情報）	会員の基本情報を新規登録する画面	……	会員	
	新規登録画面（詳細情報）	会員の詳細情報を新規登録する画面	……	会員	
	修正画面	登録済みの会員情報を修正する画面	……	会員	
	照会画面	登録済みの会員情報を照会する画面	……	会員・マーケティング担当者	
	削除画面	登録済みの会員情報を削除する画面	……	会員・マーケティング担当者	
観光商材提供事業者	事業者登録	観光商材提供事業者に関する操作メニューに進む	……	営業担当者	将来実装予定
	登録メニュー	事業者情報の新規登録に進むメニュー	……	営業担当者	
	保守メニュー	事業者情報の修正・照会・削除へ進むメニュー	……	営業担当者	
行動分析	会員の移動分析	会員属性別、地域別、時間・機関別分析	……	マーケティング担当者　経営企画スタッフ	将来は、観光商材提供事業者も一部の画面を利用予定
	会員の滞在分析	旅行中の滞在訪問先別、訪問時間帯別分析	……	マーケティング担当者　経営企画スタッフ	
	旅行者の移動	旅行者の属性別、地域別、時間・期間別の行	……	マーケティング担当者	

以下省略

本システムの画面に関する要件を示す。

1. 上記以外にも、2-1に示した要件の中で必要となる画面を作成すること。
2. 入力画面では利用者が入力漏れや不備、ミスが無いように入力または登録時に入力チェックを行うこと。
3. 入力チェックの結果、不備の箇所を分かりやすく表示できること。（例：入力れの項目を赤で表示、未入力欄に色がつく等）。
4. 入力画面では利用者が入力し易い仕組みにすること。（カレンダーから日付選択、文字入力変換機能の自動切り替え等）。
5. 登録作業の中断ができること（一時保存し、再開できること）。中断処理した場合の、具体的な対応方法を検討すること。中断の場合には必須項目も未入力のままで中断できること。
6. 項目が多い選択肢がある場合は、容易に選択候補が見つかるような仕組みにすること（アジアやヨーロッパなど地域を選択するとプルダウンで国が絞れるなど、登録情報の情報体系に応じて絞り込みできるようにすること）。
7. 入力画面では横スクロールバーは使用しないこと。
8. 会員が利用する画面については、PCとiPad/iPhoneのブラウザで動作する仕組みを想定すること。

以下省略

■ 機能要件定義書サンプル（マイナ・バード旅行社の事例抜粋）

2-3 帳票に関する事項

本システムで利用する帳票の一覧を示す。

分類名	帳票名	概要	主要項目	処理区分	タイミング	保管期間	利用部門	備考
行動分析 （統計解析）	利用状況レポート	マイナ・トーク（携帯翻訳アプリ）の利用状況集計のレポート	……	バッチ	日次	半年	システム	
	会員行動実績レポート	会員の訪問先別、時間帯別分布等、観光動機のサマリーレポート	……	バッチ	月次	1年	マーケティング	将来は、観光商材提供事業者も一部の帳票を利用予定
	会員行動分析レポート	会員の移動、滞在別分布等、観光動態のアドホックの分析結果のレポート	……	オンライン	随時	指定なし	マーケティング	

以下省略

本システムの帳票に関する要件を示す。
1. 上記以外にも、2-1 に示した要件の中で必要となる帳票類を作成すること。
2. 帳票類は、別途提示する印刷レイアウトにあわせて出力できるようにすること。

以下省略

■ 機能要件定義書サンプル（マイナ・バード旅行社の事例抜粋）

2-4 データに関する事項

本システムで利用するデータの一覧を示す。

◎は主キー項目

分類名	テーブル名	概要	主要項目	備考
マスタ	会員情報	会員情報	会員CD◎ 会員氏名 ……	……
	観光商材提供事業者情報	観光商材提供事業者	事業者CD◎ 事業者名 ……	……
	観光マッピング情報	社内の国内事業部門で保持する施設、観光属性情報	……◎ ……◎ ……	……
	……		……◎ ……	……
トランザクション	サービス利用	マイナトーク（携帯翻訳サービス）の利用履歴	ID◎ 開始日 ……	……
	行動履歴	GPSデータ	……◎ ……	……

以下省略

本システムのデータに関する要件を示す。
1. 複数の業務で共通に使用するデータについては、一元的に管理し、作成・変更・削除が一回で済むようにすること。
2. 削除されたデータは物理削除せず、論理削除フラグで識別させること。
3. 入力及び出力する項目は、別紙の項目定義書を参照すること。

■ 機能要件定義書サンプル（マイナ・バード旅行社の事例抜粋）

2-5 外部接続に関する事項

本システムで利用する外部接続の一覧を示す。

外部接続名	概要	相手システム	送受信区分	送受信データ	データ形式	タイミング	頻度	備考
GPS情報連携	マイナ・トーク（携帯翻訳アプリ）から収集されたGPSデータの加工済み情報を受信する	XXサービス	受信	GPSデータ	CSV	夜間	日次	
画像解析情報連携	SNS投稿写真のAI画像解析データを受信する	YYシステム	受信	画像解析データ	CSV	夜間	日次	
社内統計解析システム受信	観光マッピングデータを受信する	国内観光地情報管理システム	受信	観光マッピングデータ	CSV	夜間	日次	社内システムと連携
社内統計解析システム受信	海外旅行者の各種データを国内分析システム	国内旅行者行動分析システム	送信	旅行者行動データ	CSV	週末	週次	社内システムと連携

以下省略

本システムの外部接続に関する要件を示す。

1. 本システムと連携するデータは、受信後、本システムの指定するフォルダに自動的に格納すること。
2. 社内の既存の解析システムと連携する機能を有すること。

定義書作成後、業務要件定義書と同様に、検証と妥当性確認を行います。

まとめ

▷ システムの構成要素をそれぞれ一覧表に整理し、洗い出しの抜け漏れを防ぐ。

▷ システムの構成要素の数（画面の総数や帳票の総数など）や特徴から新システムの規模を把握する。

▷ 分析中にユーザーと取り決めたこと、設計者に引き継ぐことを、機能要件定義書に文書化する。

5章

非機能要求の分析・
定義フェーズ

マイナ・バード旅行社の新システムについて、
何を実現するか、全容がみえてきました。次
は、システムの品質について考えてみましょ
う。より安全で、性能よく、操作しやすいシス
テムを実現するために、ユーザー組織の方針
や、利用者の使い方も正確に聴取します。利用
者の満足を高めるために、システムの仕上げ部
分の定義に、しっかりと理解を深めましょう。

31 非機能要求の分析・定義フェーズの全体像

システム機能を実装する際に、利用者がどのレベルまで要求しているか、インタビューや分析を通して明らかにし、非機能要件として定義します。ここでは、分析から定義書にまとめあげるまでの一連の流れを解説します。

● 非機能要求の分析

前のChapterでは、事業目標の達成のためシステムに求められる機能を定義しました。それらの機能が、どの程度厳密に求められているのか、**機能が提供するサービスのレベルや品質についても決めておく**ことが必要です。これが非機能要求です。

■ 非機能要件分析・定義の構成要素

非機能要求の分析・定義の全体像	非機能要求を分析・定義する際の考え方と、手順を説明します。
①可用性、②性能・拡張性、③運用・保守性、④移行性、⑤セキュリティ、⑥システム環境・エコロジーに関する分析・定義	非機能要求を、「非機能要求グレード」を参考に6種類に分類し、それぞれに求められること（要求）を分析して、要件を定義します。
非機能要件の文書化	上記で分析・定義した内容を文書化して、「非機能要件定義書」にまとめます。

たとえば、オンライン処理で、「入力後、送信ボタンをクリックして登録を行う」という機能が定義されている場合、「クリック後、何秒以内に登録完了が必要か」というサービスの速さ（応答の性能）は、非機能要求のひとつです。非機能要求は、機能と異なり、いくつかの理由で、定義が難しいのが実状です。

まずは、**サービスのレベルや品質そのものは、目に見えにくく、言葉で表現するのが難しい**という点です。たとえば、上の例で、ユーザーが「できるだけ早く登録結果を知りたい（応答してほしい）」と要求した場合、「できるだけ早

く応答する」は、人によって感じ方が異なるので、適切な定義とはいえません。

　それでは、「5秒以内に応答する」と**定量表現する場合、それが実現可能なレベルなのかどうか、要件定義の段階では判断が難しい**ものです。また、システム基盤に関することが多く、ITの専門知識が豊富ではないユーザーは、要求が正しく伝えられないという問題があります。

　これらの問題に対処するために、日本では、IPA（独立行政法人情報処理推進機構：Information-technology Promotion Agency, Japan）という団体が、「非機能要求の見える化と確認の手段を提供する『非機能要求グレード』」をとりまとめて公開しています。次のURLからダウンロードし、利用することができます。　　https://www.ipa.go.jp/sec/softwareengineering/std/ent03-b.html

● 「非機能要求グレード」の利用

　非機能要求グレードには、非機能要求を、可用性、性能・拡張性、運用・保守性、移行性、セキュリティ、システム環境・エコロジーの6分野に分け、ユーザーとベンダーとの間で確認すべき項目が200以上をリストアップしています。各項目についてレベル（0から5）とメトリクス（指標）が定義されています。

■ 非機能要求グレード

　たとえば、「目標復旧水準（障害発生後の回復）」という項目について、「レベル2なら12時間以内に復旧」、「レベル3なら6時間以内に復旧」と客観的な数値を示してガイドしています。ユーザーがそれらを参考にして「今回のシステム化案件だと、レベル2だ」と、項目ごとに要求を具体化させていきます。

■ 非機能要求グレードのレベル、メトリクスの例（同サイト資料から抜粋）

「非機能要求の見える化と確認の手段を実現する『非機能要求グレード』」
https://www.ipa.go.jp/sec/softwareengineering/std/ent03-b.html

大項目	中項目	小項目	説明	メトリクス（指標）	レベル					
					0	1	2	3	4	5
可用性	継続性	目標復旧水準（業務停止時）	業務停止を伴う障害が発生した際、何をどこまで、どの位で復旧させるかの目標	RTO（目標復旧時間）	1営業日以上	1営業日以内	12時間以内	6時間以内	2時間以内	

レベル値とは？
メトリクスごとに具体的な実現レベルを定義したもの

　非機能要求グレードは、非常に充実していて、「モデルシステムシート」や「樹系図」や「利用ガイド」など多くのドキュメントから構成されています。また、多くの項目がリストアップされていますが、全ての項目をひとつひとつ定義していくという訳ではありません。次のような進め方が推奨されています。

■ 非機能要求定義の進め方（4ステップ）

ステップ	内容
1	非機能要求グレードの「モデルシステムシート」を見て、**今回のシステム化案件のモデルを判断する**（16項目の質問に答えると、システムの社会的影響が「極めて大きい／限定的／殆どない」の3つのモデルの内、どれに近いかが判断できます）。
2	非機能要求グレードの「樹系図」に示された重要項目と、「上記1のモデルごとの値」を参照しながら、今回のシステム化案件で**検討すべき項目を抽出**する。
3	2の項目について、ユーザーとベンダーが適切なレベルを話し合う。
4	3での話し合いの内容や決定事項を設計フェーズに引継ぐ。3で抽出しなかった項目についても、必要に応じて議論、決定し、設計に反映させる。

　「非機能要求グレード」は、あくまで、ユーザーとベンダーが非機能について話し合う際の、たたき台であり、この一覧表を埋めて成果物とするという類のものではありません。**要件定義の段階では非機能要求について話し合いを開始することが大事で、**この段階で全て決めてしまう必要はありません。

　本書では、非機能要求グレードを活用しながら、ベンダーからユーザーへインタビューし、非機能要求の分析と定義を想定しています。

「非機能グレード」以外の品質保証にかかわる仕組み

　品質を見える化する仕組みには、非機能グレード以外にSQuaREという仕組みがあります。

　SQuaREは、Software product Quality Requirements and Evaluation の頭文字をとったもので、「システム及びソフトウェア製品の品質要求及び評価」に関する国際規格（ISO/IEC25000シリーズ、JIS X2500シリーズ）です。非機能グレードは、システムのライフサイクルの企画、要件、設計フェーズが対象ですが、SQuaREは、開発、テスト、移行・運用準備のフェーズもカバーしています。

　要件定義の時点で、開発・テストから運用・保守フェーズの非機能の視点を考慮に取り入れたり、グローバルな標準に視野を広げることは好ましいことなので、機会があれば、SQuaREのドキュメントも参照してみましょう。経済産業省のサイトで閲覧できます。https://www.meti.go.jp/policy/it_policy/softseibi/metrics/product_metrics.pdf

■ ソフトウェアライフサイクルと品質ライフサイクルのとの関係

出典：経済産業省　システム及びソフトウェア品質の見える化、確保及び向上のためのガイド

 まとめ

▶ **非機能要求とは、機能が提供するサービスのレベルや品質についての要求。**

▶ **IPAの『非機能要求グレード』とは、非機能要求の見える化と確認の手段を提供するためのガイド。**

▶ **ユーザーとの非機能機能要求インタビューに『非機能要求グレード』を活用する。**

32　可用性に関する分析・定義

非機能要件のひとつ「可用性」について、利用者がシステムに対して、どの程度の品質を求めているのか、インタビューや分析で明らかにしていきます。ここでは、これらを分析・定義する際の着眼点を解説します。

● 可用性に関する要求とは

　可用性の要求とは、システムサービスを継続的に利用可能とするための要求です。具体的には、稼働時間や停止予定など運用スケジュール、障害や災害時における稼働目標についての要求です（非機能グレード「利用ガイド解説編」より）。

■ 日常生活での非機能要求（可用性）の例

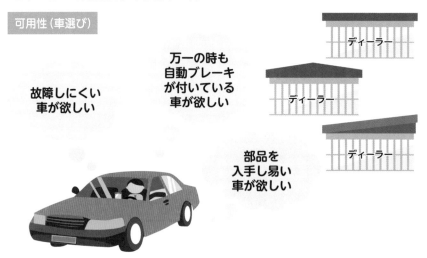

可用性（車選び）

故障しにくい車が欲しい

万一の時も自動ブレーキが付いている車が欲しい

部品を入手し易い車が欲しい

ディーラー

ディーラー

ディーラー

　どのような状態が望ましいか、ユーザーにインタビューしながら要求を具体化させますが、「望ましい状態」は、言葉で表現しにくいものです。逆に「利用

できない状態」のイメージの共有から始めるのも良いでしょう。

「システムが利用できない」状態は、計画的なサービス停止時、システムの故障時、システムの被災時の3通りが考えられます。

計画的なサービス停止は、たとえば、日々の運用時間以外や週末に実施されることが想定されますが、ユーザーへ事前に周知する仕組みについても考慮が必要です。定期的なサービス停止については、通常の運用時間帯に組み込まれるイメージをユーザーと共有します。

システムの故障や被災時については、業務への影響の許容度（業務ごとに、停止が許されるか否か、停止した場合、回復にかかる時間、回復可能なデータの範囲など）について、ユーザーの考え方を確認します。

● 構成要素とインタビュー例

ユーザーにインタビューする際に、非機能グレードの分類や項目が役立ちます。

可用性は次の4つの中項目で構成されています。

■「可用性」の非機能グレードの中項目

中項目	説明
継続性	システムが稼働している状態を定義したり、障害発生時の復旧目標を明らかにする。
耐障害性	障害に対する耐性を、システムを構成する要素の単位（例　業務単位）で分類して明らかにする。
災害	耐障害性のうち、特に大規模災害に対する対策の考え方を明らかにする。
回復性	障害発生時、システム回復やデータの復旧についての能力と、必要な労力を明らかにする。

出典：IPA　非機能グレードを参照して作成

要件定義では、上の表の継続性について、次の内容を確認することから始めてみましょう。

■ 非機能要求（可用性）についてのインタビュー例

継続性	インタビューの質問例
運用スケジュール	通常の運用時間は？ ピーク時等の特殊な場合の運用時間は？ 計画停止（週末など意図的なシステム停止）の有無は？
業務継続性	対象業務の範囲は？ サービスの切り替えに許容される時間は？ どの程度、業務継続が求められるか？（24時間365日の連続稼働が必要？ 或いは1日8時間、週5日の稼働？）
目標復旧水準 （システム障害時）	回復に許容される時間は？ どの時点までのデータの保証が必要？
目標復旧水準（災害時）	経営側で策定された計画（BCP:Business Continuity Plan 事業継続計画やDRP:Disaster Recovery Plan災害復旧計画）を共有してもらう。
稼働率	運用スケジュールから稼働率を算出する。 分母：サービス提供の時間は？（年間○○時間） 分子：サービス停止の許容時間（年間△△時間）

◯ 対応は過剰も過少もだめ

　非機能要求の実現は、**コストとのバランス**を考えなければなりません。

　システムの停止時間を最小限にするため、冗長化にお金をかけすぎることは、機器の購入時にかかる費用だけでなく、それらを維持するための人件費なども多くかかり、利益を圧迫する要因になります。逆に、必要な準備を怠った場合は、長時間のシステム停止が発生し、顧客や取引先からの信用を失うことになります。

■ 非機能要求（可用性）対策やりすぎの例

可用性

通信障害で携帯電話が
使えなくなると困るので、
何台も携帯電話を契約
→ 月々の契約料金の支払い大変

ネットワーク

ド＊モ

Soft＊ank

a＊

心配性

必要な対処と
コストとの
バランスを考える

まとめ

▶ 可用性の非機能要求とは、稼働時間や停止予定など運用スケ
ジュール、障害や災害時における稼働目標についての要求。

▶ 顧客や取引先からの信用失墜リスクと対策費のバランスを考え
る。

33 性能・拡張性に関する分析・定義

非機能要件のひとつ「性能・拡張性」について、利用者がシステムに対して、どの程度の品質を求めているのか、インタビューや分析で明らかにしていきます。ここでは、これらを分析・定義する際の着眼点を解説します。

⦿ 性能・拡張性の要求とは

　性能・拡張性の要求とは、システムの性能、および将来のシステム拡張に関する要求です。具体的には、業務量の見積もりや、今後の増加の見積もり、システム化対象業務の特性（ピーク時、通常時、縮退時）についての要求です（非機能グレード「利用ガイド解説編」より）。

■ 日常生活での非機能要求（性能・拡張性）の例

性能（車選び）

ぐんぐん登れるSUV

大勢乗れるファミリーカー

夏休みに家族で山に行きたい

● 構成要素とインタビュー例

　システムのリソースを効率的に利用しているか、性能に不足が生じた際の対応をどのように考慮するかを検討します。

　システムの機能を設計書通りに正しく作っても、応答が遅いと利用者から不満があがります。また、夜間処理が、所定の時間内に完了せず、翌朝のオンライン開始の支障になるようでは、使い物にならないシステムになってしまいます。

　システムの運用開始直後は、快適に稼働していても、処理量の増加によりすぐに性能面で限界に達してしまうのも困ります。限界が訪れることを予め想定し、柔軟に拡張できるような考慮が必要です。

　ユーザーにインタビューする際に、非機能グレードの分類や項目が役立ちます。

　性能・拡張性については、次の3つの中項目で構成されています。

■ 非機能要求（性能・拡張性）の中項目

中項目	説明
業務処理量	通常時の業務量と、業務の追加度合を明らかにする。ある程度余裕を持った値を仮決めする。
性能目標値	業務処理の特徴（バッチ／オンライン）やピーク特性（ピークの頻度や時間帯）、縮退を考慮し、性能目標を確認する。
リソース拡張性	システム稼働中にどれぐらい空きが必要かを明らかにし、利用率やリソース増設の可否を確認する。

出典：IPA　非機能グレードを参照して作成

　要件定義では、性能・拡張性について、次の内容を確認することから始めてみましょう。

■ 非機能要求（性能・拡張性）についてのインタビュー例

種類	インタビューの質問例
業務処理量	通常時の業務量（例：ユーザー数、同時アクセス数、トランザクションのデータ量、ログのデータ量、オンラインのリクエスト件数、バッチ処理件数）は？ 業務量の増大率（通常時の業務量の各項目について増大率）は？ 保管期間は？
性能目標値	オンライン処理では、 どの位の応答速度を期待しているか？ ・通常の業務や画面では何分／秒以内？ ・特に注意が必要な業務や画面では何分／秒以内？ バッチ処理では、 ・どの位の時間で処理が完了することを期待しているか？ 　・通常なら何時間以内？　・月末処理なら何時間以内？ 　・朝何時までにデイリー処理が完了しないといけないか？ ・または、単位時間に何件の処理が完了することを期待しているか？
リソース拡張性	上記の業務処理量の増大率の予測などから、将来、どの程度対応するつもり？（CPU、メモリ、ディスク） ・スケールアップ（1台の機器（筐体）の中で、CPUやメモリやディスクなどリソースを増強する）？ ・スケールアウト（機器を増設してリソースを増強する）？

● 対応は過剰も過少もだめ

　ピーク時に対応できるよう投資をしたのは良いのですが、普段は、リソースの数パーセントしか利用していない、1年のうち1週間だけのために莫大な投資をさせてしまった、というのは、システムのプロフェッショナルとして罪を感じます。

　一方で、投資が過少の場合は、想定を超えるリクエストを受けると、すぐにシステムがダウンし、利用者や運用チームに多大な迷惑をかけてしまいます。さらに、その影響で、データが消失してしまった、など、副作用的なトラブルに発展してしまう事例も少なくありません。性能・拡張性の非機能要求も、やはり**コストとのバランス**を考えなければなりません。

■ 非機能要求（性能・拡張性）対策やりすぎの例

性能

最近、スマホを使うように
なった、おばあさん。
メールしか使わないのに、
必要以上のオプションを
つけると、支払い大変！

ギガ増量

大容量
メモリ

高速
CPU

高性能
カメラ

おばあさん

メールしか
使わない

必要なことと
コストとの
バランスを考える

まとめ

▶ **性能・拡張性の非機能要求とは、システムリソースの効率利用
や、業務量の見積もりに対する性能のレベルについての要求。**

▶ **対象業務の特性（ピーク時、通常時、縮退時）別に最適化を考
える。**

34 運用・保守性に関する分析・定義

非機能要件のひとつ「運用・保守性」について、利用者がシステムに対して、どの程度の品質を求めているのか、インタビューや分析で明らかにしていきます。ここでは、これらを分析・定義する際の着眼点を解説します。

● 運用・保守性に関する要求とは

運用・保守性の要求とは、システムの運用と保守のサービスに関する要求です。具体的には、運用中に求められるシステムの稼働レベルや、問題発生時の対応レベルに対する要求です（非機能グレード「利用ガイド解説編」より）。

　システムの本番稼働で、安定して運用でき、容易に保守できるかを検討します。

■ 日常生活での非機能要求（運用・保守性）の例

運用・保守性（お肌のお手入れ選び）

自宅派は節約

プロの技術重視

● 構成要素とインタビュー例

　ユーザーにインタビューする際に、非機能グレードの分類や項目が役立ちます。運用・保守性については、次の6つの中項目で構成されています。

■ 非機能要求（運用・保守性）の中項目

中項目	説明
通常運用	通常の利用時間と、通常スケジュール以外の特定日（バックアップ日、計画停止等）の有無や、その内容を確認する。
保守運用	システムの品質を維持するために実施するメンテナンス作業の方針や内容を明らかにする。
障害時運用	システム障害発生時の対応(復旧作業の内容、異常検知時の対応等)を明らかにする。
運用環境	開発用環境、テスト用環境、リモートオペレーション等、運用の対象や、マニュアルの準備を確認する。
サポート体制	運用について、ユーザーとベンダー間の役割分担や、サポート体制や保守契約の内容を確認する。
運用管理方針	内部統制、サービスデスク、インシデント管理等、対応方針や具体的な実現方法を確認する。

出典：IPA　非機能グレードを参照して作成

要件定義では、運用・保守性について、次の内容を確認することから始めてみましょう。

■ 非機能要求（運用・保守性）についてのインタビュー例

種類	インタビューの質問例
通常運用	・業務時間帯は？　業務外時間は？（維持を行う時間帯） ・バックアップの自動化を検討しているか？ ・バックアップデータの取得間隔や保存期間は？ ・運用監視の監視対象は？　監視間隔は？
保守運用	・計画停止や、保守作業の自動化を検討しているか？ ・バージョンアップやパッチ対応などベンダーに委任？
運用環境	・運用対象に開発環境やテスト環境はあるか？ ・マニュアルはどれくらい準備するか？ ・リモート操作や監視、外部接続は存在するか？
サポート体制	・ハードウェアやソフトウェアの保守契約の考え方は？ ・システムのライフサイクルの期間は？
運用管理方針	・内部統制への対応をどのように考えているか？ ・サポートデスクの設置は考えているか？

◉ 対応は過剰も過少もだめ

運用や保守は人手に頼らず、自動化することを目標にしますが、自動化を進めすぎると、ログや監視レポートなど大量に出力され、重要なサインを見過ごしてしまうことがあります。また、いざというときに、慣れない担当者による対応がミスに繋がってしまうことがあります。

逆に、人海戦術の対処に頼りすぎると、予想以上に人件費がかさみ、人的ミスによる事故が問題になることがあります。

■ 非機能要求（運用・保守性）対策やりすぎの例

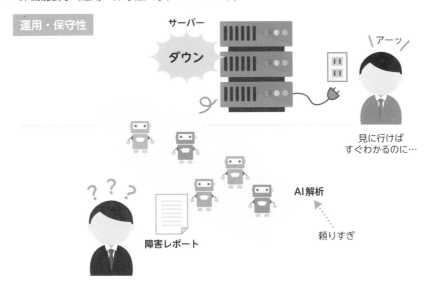

自動化などに頼りすぎるのも良し悪し。
自分で見つける能力が退化

まとめ

▷ 運用・保守性の非機能要求とは、運用中のシステム稼働レベル
や、問題発生時の対応レベルについての要求。

▷ 運用や保守は人手に頼らず、自動化することを目標にする。

▷ 要件定義では非機能要求について話し合い開始が大事。

35 移行性に関する分析・定義

非機能要求のひとつ「移行性」について、利用者がシステムに対して、どの程度の品質を求めているのか、インタビューや分析で明らかにしていきます。ここでは、これらを分析・定義する際の着眼点を解説します。

● 移行性に関する要求とは

移行性の要求とは、現行システム資産の移行に関する要求です。具体的には、新システムへの移行期間および移行方法、移行対象資産の種類および移行量についての要求です（非機能グレード「利用ガイド解説編」より）。

移行期間中にのみ発生する特殊な要求です。システムを一斉稼働する場合は、1回しか対応する機会がない要求なので、油断しがちですが、移行は、通常やり直しがきかない一大イベントです。ユーザー主導ではありますが、移行要求の要件定義もベンダーがリードして、システムのデビューを成功させましょう。

■ 日常生活での非機能要求（移行性）の例

移行性（保険選び）

ネット

いらっしゃいませ〜

保険の＊口♣

保険を更新したい

自分で手続き派

オールお任せ派

● 構成要素とインタビュー例

　ユーザーにインタビューする際に、非機能グレードの分類や項目が役立ちます。

　移行性については、次の4つの中項目で構成されています。

■ 非機能要求（移行性）の中項目

中項目	説明
移行時期	システム切り替えまでの期間や、移行作業中にシステム停止が可能か否か、並行稼働が必要かを明らかにする。
移行方式	複数場所へ設置の場合、一斉か多段階移行かを明らかにする。 複数業務が対象の場合、新旧システムの共存稼働の範囲や期間を明らかにする。
移行対象	移行対象の機器やデータについて、一斉か部分的な入れ替えかを明らかにする。 部分的な入れ替えの場合は、新旧の互換性を確認する。 データの移行について移行ツールを検討する。
移行計画	ユーザーとベンダーの作業分担を明らかにする。 外部連携についてリハーサルの、環境、回数などを検討する。 移行中トラブルが発生した場合、切り戻しや対応プランを検討する。

出典：IPA　非機能グレードを参照して作成

　要件定義の時点では、まだ検討されていないことがほとんどかもしれませんが、ユーザー組織の標準や方針があるかもしれないので、次の内容を確認することから始めてみましょう。

■ 非機能要求（移行性）についてのインタビュー例

種類	インタビューの質問例
移行時期	移行期間は？　停止可能日時は？　並行稼働はあり得るか？
移行方式	一斉移行か、拠点や特定業務を段階的に移行する方式か？
移行対象	設備や機器の移行はあるか？ 移行のデータ量やデータ形式は？

● 対応は過剰も過少もだめ

　過剰な移行要求を通すと、複数拠点の段階的な移行において、各拠点でリハーサルを計画したが、想定以上に、コストや時間がかかりすぎてしまった、ということが起こり易く、これは問題です。また、大掛かりな移行計画を実行するにあたり、段取りが甘く、結果的に、拠点（実装先）のスタッフを振り回すことになってしまった、というのも困ります。

　逆に、リハーサルを甘く見すぎると、移行に失敗してしまい、元に戻したり、やり直したり、危ういスタートになってしまいかねません。**移行は、確実に成功させなければならないイベント**です。

■ 非機能要求（移行性）対策やりすぎの例

移行性

対策薄いor厚い。
両極端はよくない

対策、薄過ぎ

私失敗
しませんから！

リハーサルなし！
バックアップ
プランなし！

対策、厚過ぎ

プランB
プランA
プランC
切替えOK
定期訓練

まとめ

▷ システムの移行は、確実に成功させなければならないイベント。

▷ 移行の非機能要求とは、新システム移行の期間、方法、対象の資産や移行量についての要求。

BABOKv3.0には、移行要求について「現在の状態から将来の状態に円滑に移行するためにソリューションが持たなければならない能力と満たさなければならない条件を表現する。(中略)移行要求では、データの変換、教育訓練、事業継続などを取り扱う。」と説明があります。

非機能グレードには詳しい説明がありませんが、教育訓練は、ユーザー企業の関心が高い分野です。移行時の教育訓練とは、具体的には新システムを使いこなせるように、業務部門の利用者に研修を実施することです。研修というと、SEは「システム操作方法を学ぶ研修」というイメージを抱きがちで、ユーザー企業が求める教育と大きな乖離があります。

ユーザー企業にとって、移行時の教育に求められることは、事業目標を実現するために、新システムをどのように活用するのかを教育することです。目標の共有や、システムで何を実現するのかを担当者と共有し、理解させる場なのです。操作方法の習得だけではなく、担当者のマインドセットも重要なミッションなのです。

さらに、研修で使用するテキストについて、操作マニュアルから画面ショットを集めて、研修テキストを作ればよい、と一般にベンダーは軽く考えがちです。が、移行時の教育の目的を考えると、画面ショットを流用し、操作手順を示すだけでは役立つ研修テキストにはなりません。

実務面では、移行は、限られた時期に着手し、限られた期間に完了させないといけないという難しさがあります。たとえば、研修テキストの作成は、新システム、特に画面や帳票などが完成に近づいた頃に着手しますが、開発やテストのスケジュールが遅延すると、テキスト作成も遅れます。しかし本番稼働の日は決まっており、大勢の担当者の研修スケジュールも確保済みなので、研修の日程を変更することは難しものです。

教育に関する移行要求に応えるためには、分析や定義を早めに行い、想定外が発生しないよう、しっかりとユーザー企業の要求を聞きだし、できる限りの準備しておくことが必要です。

36 セキュリティに関する分析・定義

非機能要件のひとつ「セキュリティ」について、利用者がシステムに対して、どの程度の品質を求めているのか、インタビューや分析で明らかにしていきます。ここでは、これらを分析・定義する際の着眼点を解説します。

◉ セキュリティに関する要求とは

セキュリティの要求とは、情報システムの安全性の確保に関する要求です。具体的には、利用制限や不正アクセスの防止についての要求です（非機能グレード「利用ガイド解説編」より）。

■ 日常生活での非機能要求（セキュリティ）の例

セキュリティ（防犯対策選び）

 VS

まあまあの対策　　　　　　　　　　　　万全の対策

システム停止や、性能低下、情報漏洩や改ざんなどの脅威に対して、ユーザーが関心や、当事者意識を持てるように、早い段階から一緒に考える習慣をつけることが望まれます。

● 構成要素とインタビュー例

　ユーザーにインタビューする際に、非機能グレードの分類や項目が役立ちます。セキュリティについては、次の11個の中項目で構成されています。

■ 非機能要求（移行性）の中項目

中項目	説明
前提・制約事項	業界の基準や企業の方針に対して、順守すべき規定、法令、ガイドラインの有無を確認し、セキュリティ対策を検討する。
セキュリティ分析	システム開発に対して、脅威の洗い出しの範囲や、影響分析の実施の有無についての方針を確認する。
セキュリティ診断	対象システムや、各種ドキュメントに対して、セキュリティに特化した各種試験や検査の実施の有無を確認する。
セキュリティリスク分析	運用開始後に発見された脅威の洗い出しとその影響分析の対象範囲や対応方針を確認する。
アクセス制限・利用制限	システムで扱う資産へのアクセスおよび利用の制限について、対象（サーバー、ストレージ等）ごとに明らかにする。
データの秘匿	機密性のあるデータを、伝送時や蓄積時に秘匿するための暗号化を実施するかを確認する。
不正追跡・監視	システムの運用後に発生する不正行為の追跡や監視について、監視範囲や記録保存の期間等を明らかにする。
ネットワーク対策	不正な通信を遮断するための制御や、システム内の不正行為や通信を検知する仕組みの要否を明らかにする。
マルウェア対策	マルウェア（ウィルス、ワーム、ボット等）の感染を防止する、マルウェア対策の実施範囲やチェックタイミングを確認する。
Web対策	Webアプリケーション特有の脅威、脆弱性に関する対策を実施するかを確認する。
セキュリティインシデント対応	セキュリティインシデントが発生した時に、早期発見し、被害の最小化、復旧の支援等をするための体制について確認する。

出典：IPA　非機能グレードを参照して作成

要件定義では、セキュリティについて、次の内容を確認することから始めてみましょう。

■非機能要求（セキュリティ性）についてのインタビュー例

種類	インタビューの質問例
セキュリティリスク分析	リスク分析の範囲は？
セキュリティ診断	ネットワーク診断やWeb診断を実施するか？
アクセス・利用制限	管理の方針は？
ネットワーク対策	通信制御、不正通信の検知の範囲は？ 停止攻撃回避のため輻輳対策はするか？
データの秘匿	伝送データや蓄積データの暗号化は？
不正追跡・監視	ログの取得、保管期間、監視対象（装置、ネットワーク、侵入者、操作）は？
マルウェア対策	マルウェア対策実施の範囲は？
Web対策	セキュアコーディングやWAFの導入は？

※マルウェア：ウィルスやワームなど悪意あるソフトウェアや悪質なコード
※WAF：Webアプリの脆弱性に対する攻撃から保護するセキュリティ対策

● 対応は過剰も過少もだめ

セキュリティ対策と、性能は、一般にトレードオフの関係にあります。 強固なセキュリティ対策をすればするほど、レスポンスが低下します。

しかし、セキュリティ対策を甘くみると、セキュリティ事故は免れず、社会的・経済的損失は計り知れません。

■ 非機能要求（セキュリティ）対策やりすぎの例

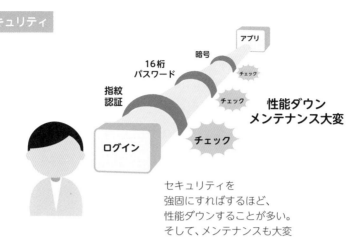

セキュリティ

指紋認証

16桁パスワード

暗号

アプリ

チェック

チェック

チェック

ログイン

性能ダウン
メンテナンス大変

セキュリティを
強固にすればするほど、
性能ダウンすることが多い。
そして、メンテナンスも大変

セキュリティ対策と性能はトレードオフの関係。
バランスを考慮する

まとめ

▶ セキュリティの非機能要求とは、システムの利用制限や不正アクセスの防止についての要求。

▶ セキュリティ対策と、性能のトレードオフの関係を考慮する。

▶ セキュリティ事故は、社会的・経済的損失を招く。

37 システム環境・エコロジーに関する分析・定義

非機能要件のひとつ「システム環境・エコロジー」について、利用者がシステムに対して、どの程度の品質を求めているのか、インタビューや分析で明らかにしていきます。ここでは、これらを分析・定義する際の着眼点を解説します。

◉ システム環境・エコロジーに関する要求とは

非機能要求グレードには、「システム環境・エコロジー」に関する項目も含まれています。

これは、**システムをどこに設置するか**など、環境への配慮についての要求です。

■ 日常生活での非機能要求（システム環境・エコロジー）の例

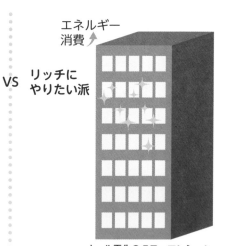

エコロジー（住まい選び）

自然エネルギー を使いたい派 VS リッチに やりたい派

エネルギー 消費 ↗

オール電化のタワーマンション

◉ 構成要素とインタビュー例

　ユーザーにインタビューする際に、非機能グレードの分類や項目が役立ちます。システム環境・エコロジーについては、次の5つの中項目で構成されています。

　この項目は、扱う範囲が広いので、一部、小項目もあわせて紹介します。

■ 非機能要求（システム環境・エコロジー）の中項目と小項目

中項目	小項目	説明
システム制約／前提条件	構築時の制約 条件	社内基準や法令、各地方 自治体の条例などの制約の存在を確認する。
	運用時の制約 条件	
システム特性	ユーザ数	システムの規模や特性を決定づける諸項目について確認する。
	クライアント数	
	拠点数	
	地域的広がり	
	システム利用範囲	
	特定製品指定	ユーザの指定の製品の採用の有無を確認する。
	複数言語対応	システム構築の上で使用や提供が必要な言語の有無を核にする。
適合規格	製品安全規格	使用製品について、の製品安全規格取得の要否を確認する。
	環境保護	使用製品について、特定有害物質の使用制限に関する規格取得の要否を確認する。
	電磁干渉	機器自身が放射する電磁波について、規格取得の要否を確認する。
機材設置環境条件	耐震/免震	地震発生時に耐える必要のある実効的な最大震度を確認する。
	スペース	設置や保守作業に必要な床面積や高さを確認する。
	重量	建物の床荷重の設置設計に必要な考慮を確認する。
	電気設備適合性	設置場所の電源条件(電源 電圧/電流/周波数/相数/系統数/無停止性/ 必要工事規模など) を確認する。
	温度／湿度(帯域)	稼働環境の温度や湿度の帯域条件と、特別な対策の要否を確認する。
	空調性能	稼働に十分な冷却能力や、特定のホットスポットへの冷気供給能力を確認する。

中項目	小項目	説明
環境マネージメント	環境負荷を抑える工夫	環境負荷を最小化する工夫（グリーン購入法適合製品の購入等）や、、ライフサイクルを通じた廃棄材の最小化 の検討を確認する。
	エネルギー消費効率	消費電力（発熱量）や、データセンターのエネルギー効率を確認する。
	CO_2排出量	システムのライフサイクルを通じて排出されるCO_2の量。
	低騒音	機器から発生する騒音の低さ。

出典：IPA　非機能グレードを参照して作成

要件定義では、システム環境・エコロジーについて、次の内容を確認することから始めてみましょう。

■ 非機能要求（システム環境・エコロジー）についてのインタビュー例

種類	インタビューの質問例
システム制約／前提条件	構築時の制約は？　運用時の制約は？
システム特性	ユーザー数は？　拠点の数は？　対象地域は？　特定の製品を使用するか？
適合規格	製品安全規格や環境保護について規格の取得予定はあるか？
機材設置環境条件	耐震の考え方は？ 設置スペースは？
環境マネジメント	廃棄物やCO_2の排出量の低減を考慮するか？ エネルギー消費効率を考慮するか？ グリーン購入を検討するか？

● 対応は過剰も過少もだめ

電力設備を万全に備え、可用性の要件を満たしたが、過剰な設備投資により、事業の利益を圧迫するのは好ましくありません。

一方で、廃棄物やCO_2排出量について無関心で、気づかぬうちに法令違反してしまうというのも困ります。

品質保証の国際規格、SQueRE (ISO/IEC25000シリーズ、JIS X2500シリーズ) の考え方

　Section31のコラムで紹介したSQuaREには、品質のライフサイクルモデルの中で、品質モデル及び評価のためのメトリクスとの関係を定義しています。

　SQueREの品質モデルによる分類は次の図の通りです。非機能グレードと似ていますが、SQueREは、非機能の領域だけではなく、業務を定めるための「機能性」や「使用性 (ユーザビリティ)」や製品の品質保証である「互換性」や「移植性」が含まれています。

■ ISO/IEC 25000 SQuaRE シリーズにおける品質ライフサイクルと品質モデル及びメトリクス (日本語置き換えは筆者による)

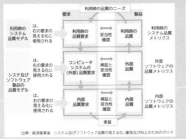

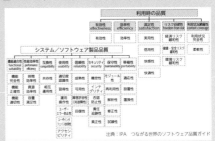

まとめ

▶ システム環境・エコロジーの非機能要求とは、システムの設置や、環境への配慮についての要求。

▶ ユーザー企業の事業の利益や、廃棄物やCO2排出量にも関心を持つ。

38 非機能要件の文書化

Chapter 5で個別に分析を進めてきたそれぞれの非機能要件をとりまとめて、新業務の実現に必要な非機能要件のレベルを文書にまとめます。こでは非機能要件定義書のサンプルを示します。

● 非機能要件の定義例

■ 非機能要件定義書サンプル　目次

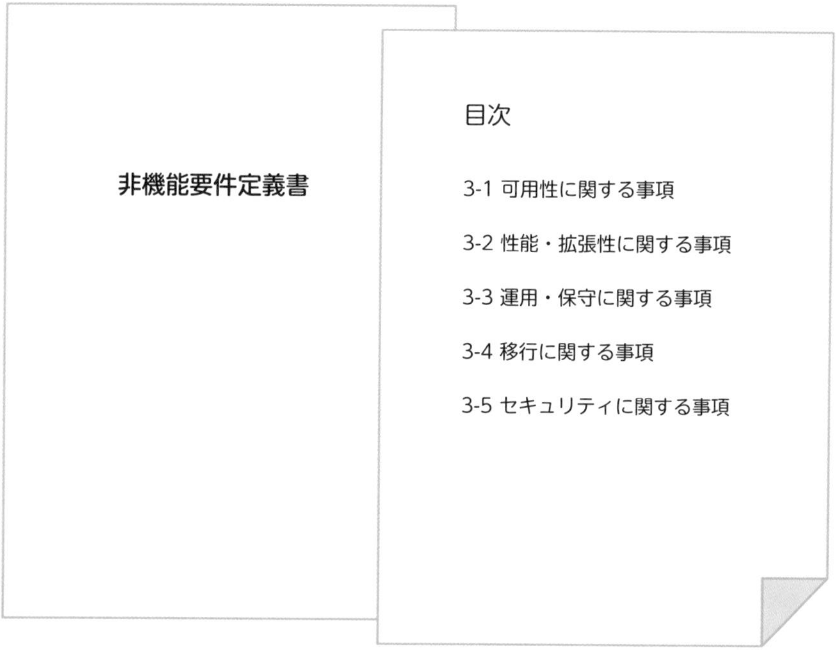

非機能要件定義書

目次

3-1 可用性に関する事項

3-2 性能・拡張性に関する事項

3-3 運用・保守に関する事項

3-4 移行に関する事項

3-5 セキュリティに関する事項

■ 非機能要件定義書サンプル（マイナ・バード旅行社の事例抜粋）

1. 可用性に関する事項

・可用性要件

No.	対象	指標	目標値	備考

・指標の例　稼働率、MTBF（平均故障間隔）等
補足事項
・経路の異なる複数の通信回線を確保すること。
・ある拠点の機能が停止した際に、他の拠点の機能で補完できる構成とすること。
・障害発生時、
　　　ｘｘシステム：クラスタ構成により、縮退運転を可能とすること。
　　　ｙｙシステム：ホットスタンバイにより待機系への切り替えを可能とすること。
・異常な入力や処理を検出し、データの破損や改変を防止する対策を講じること。
・処理の結果を検証可能とするため、ログ等の証跡を残すこと。

・継続性要件

No.	対象	指標

・指標の例　目標復旧時間、ＭＴＴＲ（平均修復時間）等
補足事項
・本番環境の機能停止の際に、テスト環境に切り替えて運用を継続できること。
・機器類は可能な限り共通化し、予備機を設置すること。
・適切なバックアップ取得のため、手法や保存先、時期を考慮すること。
・バックアップ取得は自動化し、結果を運用管理者へ通知する機能を備えること。
・データ保存のための機器については二重化すること。

■ 非機能要件定義書サンプル（マイナ・バード旅行社の事例抜粋）

2. 性能・拡張性に関する事項

・応答時間

No.	対象	指標	目標値	達成率	備考

補足事項
・オンライン、バッチの区別
・定常時要件、ピーク時要件の
・運用開始直後の要件、縮退運
・目標値、達成率については、

・スループット

No.	対象

補足事項
・対象範囲（サーバー処理のみ
・単位時間当たりの処理量

・機器・設備の数

No.	対象

補足事項
・機器の特性に応じた固有の
・算定根拠、算定の前提条件
・増加量や増加率　　など

・データ量

No.	区分	データ量	備考

補足事項
・最大の想定蓄積量
・今後の増減数、増減の率　　など

・処理件数

No.	処理項目	処理件数	備考

補足事項
・一定期間内の増減数、増減の率
・ピーク時の量、ピーク時の特性
・その他留意事項　　など

・アクセス数

No.	区分	データ量	備考

補足事項
・利用可能な最大アクセス数
・平均的なアクセス数、
・利用頻度、利用時間帯
・利用区分に応じたアクセス特性　　など

■ 非機能要件定義書サンプル（マイナ・バード旅行社の事例抜粋）

3．運用・保守に関する事項

・運用要件

・運用管理の方針

・システムの運用時間帯

月曜日から金曜日の8時から20時：オンライン業務

・分析業務に関するシステム

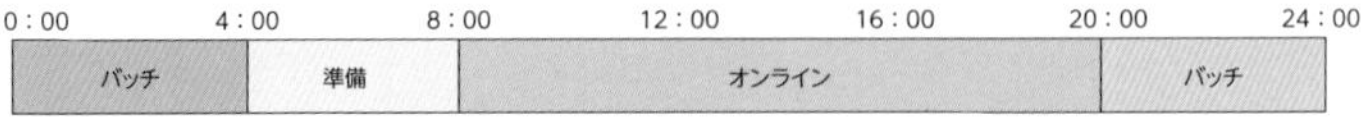

・会員管理に関するシステム　：　24時間運用
・土曜日・日曜日・祝日　　　：保守業務、計画停止の候補

・運用監視体制

・自社データーセンター／クラウドサービス利用の別

・バックアップの方針

No.	対象	記憶媒体	データ管理

・データ管理：取得頻度、世代管理、1回あたりの容量、保管場所、保管期限　など

・保守要件

・ハードウェアに関する保守について…別紙3-○参照

・ソフトウェア製品、パッケージ製品に関する保守について…別紙3-□参照

・アプリケーションプログラムに関する保守について…別紙3-△参照

・サポート体制に関する保守について…別紙3-×参照

4. 移行に関する事項

・対象業務

No.	移行元	対象	時期	方法	備考

補足事項
　業務の移行に関して、留意すべき事項

・対象システム

No.	移行元	対象	時期	方法	備考

補足事項
　システムの移行に関して、留意すべき事項

・対象データ

No.	移行元	対象	時期	方法	備考

補足事項
　データの移行に関して、留意すべき事項

5

非機能要求の分析・定義フェーズ

■ 非機能要件定義書サンプル（ハミングバード旅行社の事例抜粋）

5. セキュリティに関する事項

・情報セキュリティの方針
　　・・・・・
　　・・・・・

・セキュリティ対策

No.	セキュリティ対策	対策についての要件	備考
1	認証		
2	アクセス制御		
3	権限管理		
4	暗号、電子署名		
5	脆弱性対策		
6	不正プログラム対策		
7	DoS攻撃対策		
8	標的型攻撃対策		

　各事項について、確定の結果を記すだけでなく、そのように決めた**根拠や事情もあわせて記載しておく**と、設計工程で役立ちます。また、確定済みのことだけではなく、検討中や未検討の事項についても、その旨を定義書に記しておきます。定義書作成後、業務要件定義書と同様に、検証と妥当性確認を行います。

まとめ

▷ 経営や事業部門とディスカッションにより引き出した非機能についての方針を文書化する。

▷ 次の設計工程へ引き継ぐこと（決定事項／未決事項）を記述する。

6章

要件定義の合意と承認・維持フェーズ

打ち合せ中にお客様と話し合った内容や、決め
事を文書にまとめ、関係者からの合意と責任者
の承認を得ることが要件定義の最終目標です。
そして、システムの稼働後も、既に実現済みの
要求を土台にして、改善や次期システムの企画
を立案していきます。長いライフサイクルの中
で、システムが事業に貢献できるよう要件定義
のプロである皆さんの仕事は続きます。

39 合意と承認・維持フェーズの全体像

要求の分析中に討議し合意された内容を要件定義にまとめ、最終的にユーザー組織の意思決定者から承認を得ます。ここでは、スムーズに合意形成と承認に導く進め方と、その後の維持について解説します。

● 合理性と納得いく根拠を提示する

　Chapter 1で説明した通り、要件定義の責任は発注者であるユーザー企業にあります。定義作業はベンダーがリードして進めますが、とりまとめられた定義は、最終的にはユーザーが、その責任を果たすために、ユーザー自身が細部まで内容を理解し、決定（定義）に納得している必要があります。また、要件定義の完了時点で構築予定のシステム規模が見積もられますが、ここで、**組織の最高責任者が、それにかかる投資の合理性を判断**しなければなりません。1回の会議でこれらの納得や判断が即座にできるわけではないので、要件定義の期間を通して、**計画的に合意を積み上げ、最終の承認に導く**ことが求められます。

　さらに、システムの運用開始後、事業環境の変化に伴い、実現済みの要求に対して見直しが発生します。その場合、過去の議論や分析、経緯を振り返ることができれば、要件の再利用や再定義がすぐに始められます。これも、いつでも参照できるよう、**計画的に、目的に合うやり方で要求や要件を維持**しておかなければなりません。

● 合意と承認フェーズの構成要素

　要件定義のクライマックスは、完成した定義書に承認を得ることです。この章の前半は、スムーズに合意や承認を得ることができるよう、要件定義の作業中に行うことを説明します。

■ 合意と承認フェーズの構成要素

打合せ内容への合意	要件定義作業でのさまざまな打合せに対して、テーマごとに合意のタイミングを設け、関係者の見解の一致を確認します。
決定事項への承認	文書化された要件定義に対して、ユーザーの最高責任者から承認を得て、要件のベースラインを作成します。

● 維持フェーズの構成要素

　この章の後半は、システムが完成し、運用が始まり、要求が実現された後に、要求のメンテナンスについて説明します。

■ 維持フェーズの構成要素

要求のトレーサビリティの管理	要求の発生源（事業目標）と、要求の実現方法（システム）の結びつきを管理します。
要求のライフサイクルの管理	すでに実現済みの要求について、事業目標への貢献に応じて、要求維持の要否を適切に判断できるよう管理します。

まとめ

▷ **要件定義の承認に向けて、合意を積み重ねていく。**

▷ **要求の実現後も、事業目標実現に貢献できている状態を維持する。**

▷ **貢献できない状態になった場合は、アップデートや除却を検討する。**

40 打合せ内容への合意

要求の分析中に、様々な打合せが繰り返し実施されます。打ち合わせの参加者も多様です。各回の打ち合わせで確定するべきことを決め、分析や定義を着実に前に進めていくために効果的な「合意形成」の進め方を解説します。

● 合意形成は関係者の納得を積み上げる仕組み

合意とは、関係者が要件定義の内容をより深く、正確に理解し、しっかりと納得されるようにするための仕組みです。要件定義の最後に行われる「承認」が、組織の最高責任者による総合的な判断であるのに対して、「合意」は、**関係者による直接的で実質的な「納得の記録」**です。記録を残すことにより、要件定義を着実に進めることができます。

■ 合意の進め方

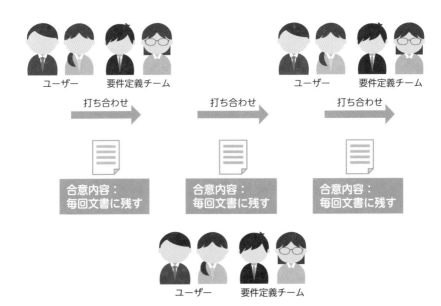

● 合意形成の進め方

　普段の打ち合わせを着実に進めていけばよいので、特別なツールは不要ですが、要件定義チームのメンバーが、それぞれの打ち合わせで決めたことに責任と自覚もってもらうこと、そのためには、各回の打ち合わせで質疑応答や意見交換が活発に行えるような環境を整えなければなりません。そして打合せ内容に対する合意を記録に残すことが大切です。

■ 合意形成の方法

資料の読み合わせNG！

デモやプロトタイプをユーザーに見せる

活発な意見交換を促す

　具体的には、

・討議に必要な資料類は事前に配布して、内容の確認をすませておいてもらうよう依頼する。

・打ち合わせ中は、資料の読み合わせ会にならぬよう、ファシリテータ（進行役）が積極的に質疑や意見交換を促す。

・テーマに対して参加者が具体的にイメージしやすいように、デモやプロトタイプなどを用意する。

・打ち合わせの終了後、決定事項が明示されている文面を作成して関係者に送付し、間違いや異議がないことを確認してもらう。ここでは、議事の進行が記録されている「議事録」ではなく、「決定事項が明示されている文面」であることが重要です。

● 合意形成のポイント　その場で合意、テーマ設定に工夫

　各回の打ち合わせのテーマに応じて、ユーザー組織の参加者の顔ぶれは変わります。原則、議論の当事者が揃っている場で合意を得て、記録に残すようにします。予定通り終わらず、次回へ申し送りというのを避けるため、テーマ設定を工夫することが必要です。具体的には、まず大きな議題を明確にし、内容の濃さと討議時間を考慮しながら、徐々に小さく分解するというように、**常に討議と合意をセットにしてテーマの分解を計画する**ようにします。

● 合意形成のポイント　定期的に合意、合意をルーチン化する

　たとえば、「各テーマについて、月曜日から水曜日までは集中討議し、毎週金曜日の定例会で週内の討議内容に合意を得る」というようなルールを作っておくと、1週間ごとに着実に議論と合意が積み上がっていきます。討議と合意をルーチン化し、関係者に周知しておくと、「週前半の打ち合わせではしっかり議論しておかなければ」「金曜日はしっかり納得した上で合意が求められる、後日、蒸し返すのは難しい」といった自覚がメンバーに生まれ、一回一回の討議に真剣にのぞむ姿勢に繋がります。テーマによって合意のタイミングやサイクルが異なると、参加メンバーが各回の位置づけを共有しにくく、安易に欠席してしまったり、討議への準備を怠ってしまいがちです。

まとめ

▷ **関係者の納得を徐々に積み上げて合意形成を進める。**

▷ **なるべく当事者が揃っている場で合意を得て記録に残す。**

▷ **合意を含めた会議パターンをルーチン化しておく。**

次の2枚の絵を比較して、異なる点を見つけてください（解答はChapter 6の最終頁参照）。

　全体を見比べると違い（ポイント）を見落としやすいですが、分割して部分ごとに検討すると、効率よく作業が完了します。合意形成も同じです。まとめて合意しようとせず、計画的に部分ごとに合意を形成していくのが、着実かつ効率的です。

41 要件定義への承認

ユーザー組織が要件定義の決定事項を正式に認め、組織内外の関係者に公にするのが「承認」です。ユーザーは承認した内容に責任を持たなければなりません。承認が形式的な手続きにならぬよう責任に対する自覚を高めることが必要です。

● 承認の位置づけ

　「承認」は、組織としての最終確認であると同時に、要件定義の期間中に積み上げてきた合意内容が、この先、安易に取り消されたり変更されたりしないように保護する仕組みでもあります。ここで承認された内容は、承認時点の内容で凍結され、**ベースライン**と呼ばれます。要件定義後、**システム構築の作業規模を見積もる際の根拠**となります。

　少し前の時代であれば、形式的な承認手続きがまかり通っていましたが、今は違います。株主から預かった資金を、なぜ必要か、十分な根拠なしにシステムに投資することは許されません。また、先々、本案件についてユーザーとベンダー間に係争が発生した場合、ここでの承認が重要な意味を持ちます。要件定義への最終承認は、ユーザーが投資へ踏み切る上で重要な関所であること、要件定義チームが要件定義作業を終わらせる上で重要な判断の場であることを、それぞれが自覚しなければなりません。

■ 承認の進め方

承認

要件定義書

または

ユーザー組織の役員
（最高責任者）

投資審議委員会など
ユーザー組織の意思決定機関

◉ 承認のポイント　ユーザ側の主体性、ベンダー側の支援

承認を行う組織の最高責任者は、個人の場合もあれば、「情報システム審議委員会」のような会議体の場合もあります。いずれも、多忙な役員レベルであることが多く、要件定義の内容に隅々まで目を通すことは難しいのが実情です。

このような中で、形式的な承認を防ぐためには、ユーザー側にもベンダー側にも実情に合った準備や工夫が必要です。

通常は、「承認」に先立ち、要件定義チームのユーザー側の中心メンバーが、中核の責任者に対して事前説明を行います。

中心メンバーは、要件定義の内容を詳細に理解し、細部に渡って合意した上で、自ら主体的に説明を行います。責任者には、質問してもらえるよう事前にお願いして（「一任するよ」は許されない旨、自覚を促して）おきます。中心メンバーは責任者からの質問に的確に答えなければなりません。

ベンダー側も、中心メンバーまかせきりにせず、積極的に事前の支援を行います。具体的には、ウォークスルー会を開いて、中心メンバーに重要な業務の流れをシミュレーションしながら説明をしてもらいます。責任者への説明のリハーサルと位置づけ、想定問答や、説明が不足する部分への補足資料や、プロトタイプを準備してあげると良いでしょう。**ベンダーは、中心メンバーが自信をもって説明できるよう全面的に協力**します。

■ 承認獲得の方法（ウォークスルー会議）

● 承認のポイント　意思決定の記録、経緯と理由の記録

　責任者に説明を行う場で、役員や委員から活発に質問が出ることは大変望ましいことです。納得のいく回答をし、その場での双方のやりとりはすべて記録に残しておきます。もし、**承認が得られない部分があれば、その場で強引な説明は避け、積み残し事項として切り離します。**

　説明や決議の場で、承認が得られない部分については、その理由や議論の経緯を仔細に記録し、今後の対応方針やスケジュールを責任者と協議し、別途積み残し部分の対応を進めていけるように計画します。**一部の問題点のために全体が覆されてしまうことや、要件定義作業が一時停止してしまうことは避けなければなりません。**

■ 承認獲得のポイント

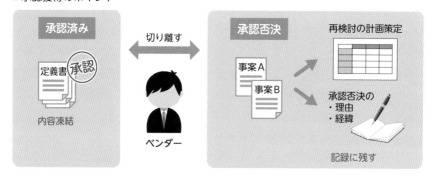

承認が得られる部分と、得られない部分を切り離す

182

要件定義チームのユーザー担当者が、最高責任組織との会議に参加する場合、通常は、作業の進捗を報告することが多く、進捗に遅れや支障がない場合は、報告する側も、受ける側も力を入れずに聞き流しがちです。ところが、「承認」を得る会議の場合は、受け入れる側にも覚悟を持って臨んでもらわなければなりません。たとえ、会議のタイトルやプレゼンの表紙に「承認」の文言が入っていても、相手に伝わらなければ意味がないので、事前に、次回の会議はいつもの「報告」ではなく、「承認」の場であること、あなたの「意思決定」が求められるということをしっかりと伝えなければなりません。

　承認後、システム構築のプロジェクトが始動し、トラブルなく終了すればよいのですが、問題が発生したときに、組織の責任が問われる場で意味を帯びてきます。情報システム構築に関して裁判で争われる事例も少なくなく、その争点に「要件定義」がとりざたされます。「承認」の意味することを、責任者を含め関係者全員と共有しておきましょう。

6

要件定義の合意と承認・維持フェーズ

まとめ

- ▶ **承認は、要件定義内容への、組織としての最終確認。**
- ▶ **承認フェーズは、ユーザー側の主体性とベンダー側の支援が不可欠。**
- ▶ **承認に際して意思決定の記録とともに経緯と理由も残す。**

42 トレーサビリティの管理

要求の発生源の事業ニーズと実現手段のシステムを相互に紐づけておくと、事業環境の変化にシステムを追随させたり、テクノロジーの進化の恩恵を事業に反映しやすくなります。その実現の仕組み、トレーサビリティを解説します。

● トレーサビリティ管理とは

　日常生活で、スーパーマーケットの店頭に並ぶ野菜には、バーコードが付されていて、どこで生産されたのか、どのような経路でここに届けられたのか調べる仕組みが用意されています。バーコードの情報を利用して、その遡及や追跡を調べることができ、たとえば、食中毒など事故が発生した場合、問題の原因や影響を特定し、適切に対処することができます。この仕組みはトレーサビリティと呼ばれ、野菜の生産・流通だけでなく、要件定義においても、**トレーサビリティの管理が情報システム全体の品質維持の鍵**になっています。具体的には、一つ一つの要求を遡及し、どの事業目標の実現に紐づいているか、また、それぞれの要求は、どのような手段（システム）で実現されているのかを可視化しておくのです。大元の**事業目標へと遡る方を後方トレーサビリティ**と呼び、将来の**実現手段と結び付けるのを前方トレーサビリティ**と呼びます。

■ 野菜のトレーサビリティ

後方トレーサビリティ　　　　　　　　　　　　　　前方トレーサビリティ

◉ トレーサビリティ管理の目的　保守開発に役立つ

　トレーサビリティが可視化されていると、各要求が事業の目標達成に関係するか否か、どのくらい寄与するかを判断しやすくなります。具体的には、妥当性確認や優先順位の判断に、事業目標との紐づけの確認は欠かせません。また、システム開発終盤でユーザーの受け入れテストの際に、各要求がそれぞれ、どのシステムで実現されているか検証するのに役立ちます。

　システムを新規に開発するときだけではなく、**保守開発が起案されたときに、トレーサビリティの確認が役立ちます**。たとえば、ユーザー組織で、市場の変化によりある事業の目標が変わった場合、関連するシステムに改変が必要になることがあります。その場合、トレーサビリティが維持されていれば、後方トレーサビリティを見れば、その目標に紐づく要求が漏れなくリストアップでき、前方トレーサビリティを辿ればどのシステムをどのように変更すればよいか、すぐさまわかります。

■ 要求のトレーサビリティ

事業構想・企画

後方トレーサビリティ

事業要求	業務要件	システム要件

システム

前方トレーサビリティ

● トレーサビリティ管理実践のポイント

野菜のトレーサビリティについて、たとえば、あるトマトは生産者まで確実に辿ることができるけれど、隣に置いてあるトマトは、途中で情報が途切れて辿れない、といったように気まぐれだと、万が一事故がおこったときに、原因の解析や対処のためにトレーサビリティをあてにすることができなくなり、管理の仕組みが役に立ちません。要求についても、トレーサビリティ管理を信頼し、**システム品質の向上に役立たせるためには、事業目標や実現手段（システム）への紐づけが、常に正確で、最新化されていることが大前提**となります。

そのためには、**必要最小限の管理に留めておくことが現実的**です。要求の中でも、事業目標達成の幹となる重要な要求に絞って、そのトレーサビリティ管理を維持します。専用のリポジトリ（データベース）や管理ツールを用意するのもよいでしょうが、後に、誰でも手軽に維持ができるよう、Excelのような表計算ツールで一覧表を作成することがおすすめです。

■ 要求のトレーサビリティ管理表の例

事業目標：海外展開強化による利益拡大
・収入増加（会員年会費、事業者の手数料収入）
・支出抑制（オペレーションコスト）

ID	要求の概要	内容	事業目標との紐づけ	後方の要求との紐づけ	前方の要求との紐づけ
…	…	…	…	…	…
81	情報収集の効率化	…	支出抑制	No3	行動分析システム
82	AI、IoTの積極活用		支出抑制	No81	行動分析システム
…	途中省略				
92	海外在住の会員数増加	…	収入増加	No2	会員管理システム
…		…			
94	商材開発能力の向上	…	収入増加	No93	行動分析システム
95	解析ノウハウの蓄積	…	収入増加	No94	行動分析システム
…					

トレーサビリティ管理に沿ったシステムの維持

　従来の保守案件では、ユーザーの変更要求に対して、システムの中で該当する部分を探し、そこをピンポイントで修正するやり方が多くとられていました。たとえば、ある事業で、従来は法人顧客向けのサービスをシステムで実現していたのが、市場の変化で、個人客向けにサービス展開するよう事業目標が変わったとします。それに伴いユーザーから開発ベンダーに顧客を管理する画面を変更してほしいと伝えられ、画面だけ変更して対応終了となりがちです。この例のように、法人顧客向けのビジネスがなくなるのであれば、それらに紐づくシステム機能も不要になることが考えられ、本来ならば、このタイミングで、どのシステム機能が不要か特定してその機能を除却したり非活性化すべきです。使われないシステムのために無駄な運用費用支払いが問題になっている企業も少なくありません。実際、タイミングを逃してしまうと、システム機能の取捨選択は難しく、なかなか除却の決断できないとのこと。トレーサビリティ管理に沿ったシステムの維持が行われないと、システムが事業から分断されてしまい、組織にとっての「お荷物」になる一因となりかねません。

 まとめ

▶ 要求のトレーサビリティの管理はシステム全体の品質維持の鍵。

▶ トレーサビリティ管理で、個々の要求がどの事業目標の実現と紐づけられているかを可視化。

▶ トレーサビリティ管理で、個々の要求がどのような手段（システム）で実現されているのかを可視化。

43　要求のライフサイクル管理

要求の発生から実現を経て、要求への期待を終わらせる迄ライフサイクルを通して管理するという考え方が最近重要視されるようになっています。ここでは、要求のライフサイクルについて、その必要性と、管理のポイントを解説します。

◉ ライフサイクル管理とは

　要求は、要件定義、設計、開発、テストを経てシステムで実装されますが、システムが運用に入っても、ずっと注目し続ける必要があります。ここでは、正常に稼働しているか？というシステム側の立場ではなく、「要求」が当初の意図通り実現できているか？という、利用者の立場で判断することがポイントになります。

　システムの結合テストや統合テストは、仕様通りに作られているかを判定するものなので、その時点で管理表に不具合がリストアップされていても、解消すれば、不具合の管理の対象からははずされます。システムによる解決が難しい場合でも、「運用で対処する」などのように、最終的には何らかの決着がつけられます。従ってテスト期間終了後に、不具合の管理表がメンテナンスされ続けることはありません。

　一方、要求については、テストの時点で、仕様書通りに実現されているか否かを判断するだけでは不十分です。運用に入ってから、組織をとりまく環境や前提が変わり、それによって要求が実現できなくなることがあるからです。

　ライフサイクルというのは、要求が生まれてから死ぬまで、即ち、「もうこの要求は実現の必要がない」と公式に判断されるまでの「一生涯」を意味します。**個々の要求が当初の意図通りに実現され続けているか否かを、一生涯を通して継続的に管理する**のがライフサイクル管理です。

■ 要求のライフサイクル管理

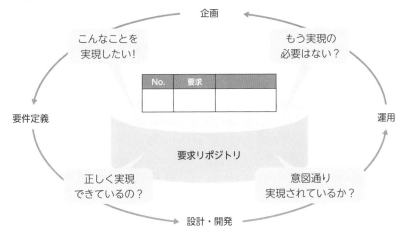

● ライフサイクル管理の目的

　Chapter 1で、システムのライフサイクルを説明したように、開発ベンダーにとってのシステムは、カットオーバーを迎えるまでの短い期間がイメージされがちですが、ユーザー企業にとっての**システムは、除却の日までの長い期間が管理の対象**です。莫大な投資の上に生まれたシステムは、日々、価値を生み続けることが期待されます。ある事業の目標実現のために実装されたシステムは、事業環境の変化にあわせ、柔軟につくりや運用を変えていかなければなりません。そうでないと、当初の要求は実現できなくなるおそれがあります。

　たとえば、ある製品の売上目標を達成する事業要求に対して、当時は、国内市場を前提にしていたものが、数年後、海外も無視できなくなった、海外の顧客のニーズにも応えないといけない、グローバルな規制にも適合させなければならない、海外の競合にも打ち勝つレベルのシステムでなければ意味がないなど、どの企業でも身近に起こり得ることです。要求を実現し続けることは容易ではないのです。

　一部の要求を満たせなくなった時点で、システムが生み出す価値は期待が薄くなります。一方で、維持費はかかり続けます。

　変化に合わせて改変するか、思い切って除却するか、タイミングを見極めて

誰かが適切に判断することが必要です。**要求のライフサイクルの視点でとらえ ると、除却の判断も、ユーザー企業の要求定義に関わるメンバーの仕事**であり、要求の承認者の責務なのです。

■ 事業やシステムを取り巻く環境は変わる

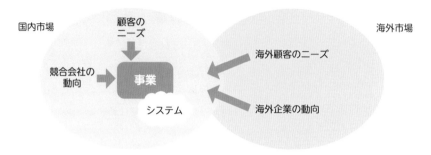

ライフサイクル管理実践のポイント

　将来の事業環境を予見することは難しいことです。要求定義に関わるメンバーは、事業のエクスパートではないので、そこまで責任は負えません。そうなると自ず興味関心が薄らいでしまいがちなのですが、それでは困ります。

　企業において、新規に事業投資する場合、投資を判断する時点で、将来について、「最も期待できるシナリオ」「最悪のシナリオ」などシミュレーションし、条件を定め閾値を超えたら撤退する、更改するといったことまで決めておくことが一般的です。ある一定額以上の大型投資となると、そこまで考慮しない限り株主が認めないからです。撤退、更改の判断となる基準値は、できる限り数値化し、客観的に判断できるようにしておくこともポイントです。

　要求実現の維持についても、同じような考え方が採用できます。要件定義の最終承認の段階で、3年後、5年後のシナリオを描き、**システムのリプレースや除却を判断する指標を提示しておく**ことが望まれます。

■ システム投資も効果の試算が重要

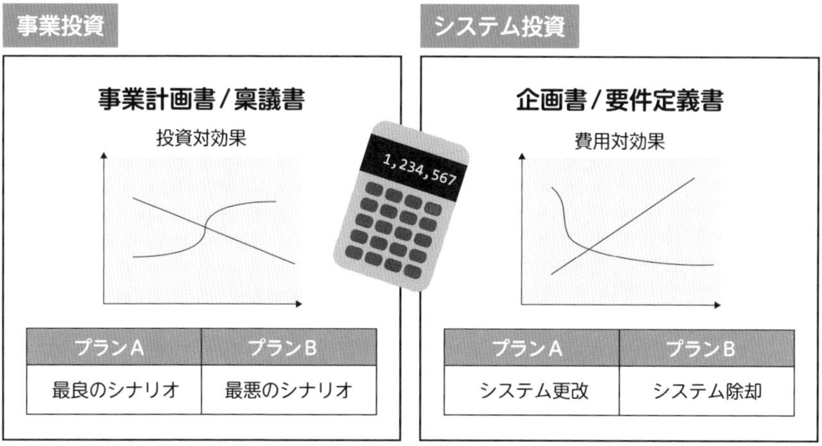
事業投資
事業計画書／稟議書
投資対効果
プランA
プランB
最良のシナリオ
最悪のシナリオ
1,234,567
システム投資
企画書／要件定義書
費用対効果
プランA
プランB
システム更改
システム除却

まとめ

- システムを取り巻く外部環境の変化に追随するため、要求は、ライフサイクルを通した管理が必要。
- システムの除却の判断見通しやアドバイスも、要求定義に関わるチームの仕事。

解答例

分割して、1マスずつ確認（合意）しましょう

まちがいの場所：　　　い＝嘴　　　　　　ろ＝痩せ形　　　　　は＝開脚

　　　　　　　　　　　に＝（なし）　　　　ほ＝雛鳥の向き　　へ＝雛鳥の数

　　　　　　　　　　　と＝後頭部　　　　　ち＝（なし）　　　　り＝胸の羽毛

いくつかに区切り、部分ごとに見比べると着実かつ効率よく作業できる。

付録

マインドマップ（1章の内容）

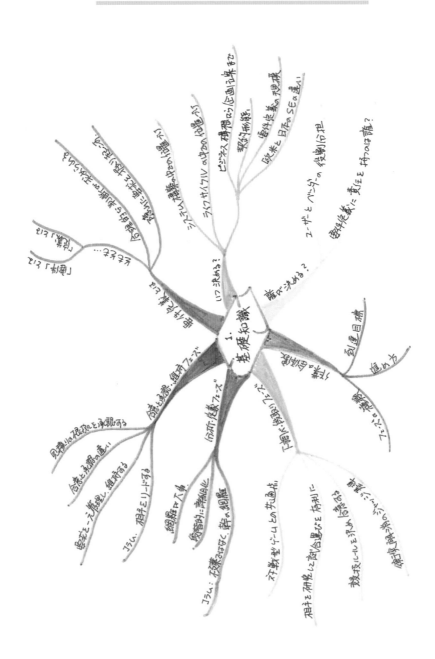

マインドマップ（2章の内容）

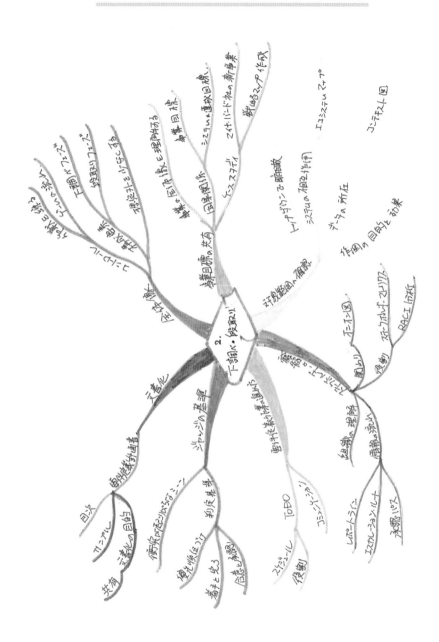

マインドマップ（3章の内容）

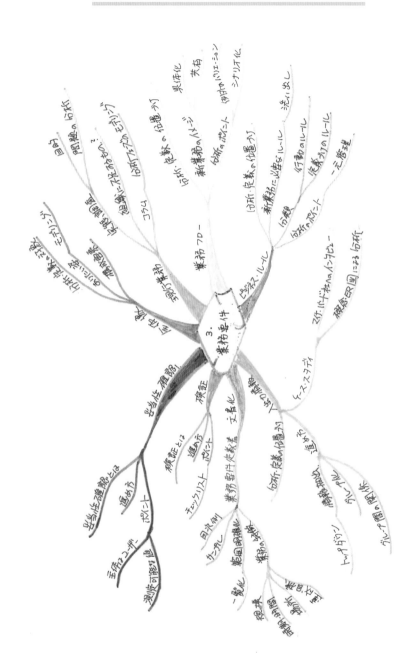

マインドマップ（４章の内容）

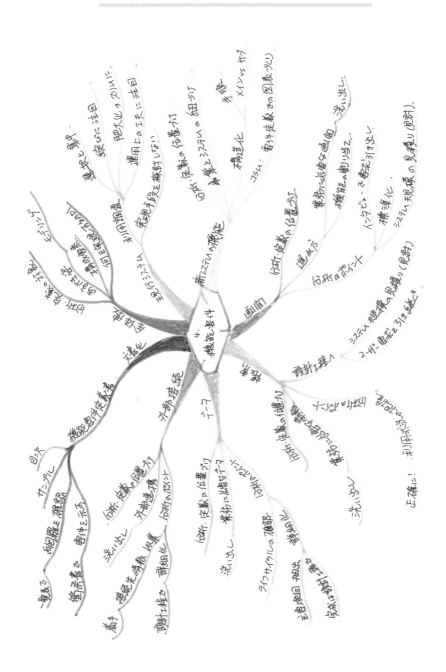

マインドマップ（5章の内容）

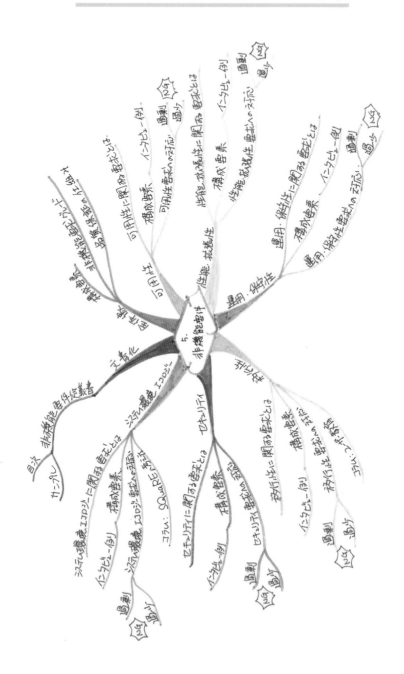

マインドマップ（6章の内容）

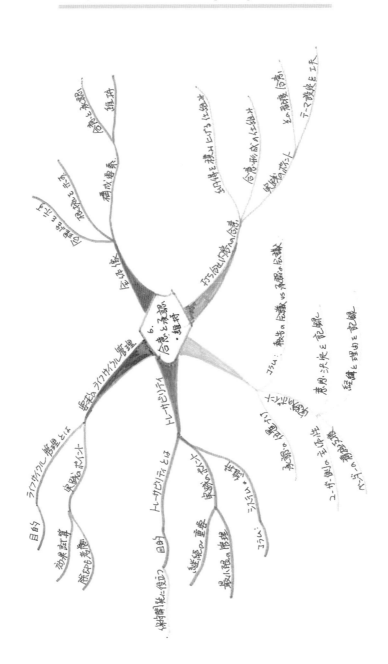

索引　Index

参 考 文 献 ・ 出 典

・『A Guide to the Business Analysis Body of Knowledge® (BABOK® Guide) ver 2.0, ver 3.0』 International Institute of Business Analysis™ (著)

・『ビジネスアナリシス知識体系ガイド　第2版、第3版』IIBA®日本支部 (著)

・『The PMI Guide to Business Analysis』Project Management Institute, Inc.® (著)

・『PMI ビジネスアナリシス・ガイド』Project Management Institute Inc. PMI日本支部 (監訳)

・『Business Analysis for Practitioners』Project Management Institute, Inc. (著)

・『実務者のためのビジネスアナリシス：実務ガイド』Project Management Institute Inc. PMI 日本支部 (監訳)

・『ソフトウェア要求 第3版』Karl.E.Wiegers (著)　日経BP (2014)

・『要求開発と要求管理　〜顧客の声を引き出すには〜』Karl E. Wiegers (著)　日経BP (2006)

・『ソフトウェア要求のためのビジュアルモデル』AnthonyChen, JoyBeatty (著)　日経BP (2013)

・『成功する要求仕様 失敗する要求仕様』Alan M. Davis (著)　日経BP (2006)

・『要求開発ワークショップの進め方』Ellen Gottesdiener (著)　日経BP (2007)

・『要求仕様の探検学―設計に先立つ品質の作り込み』Donald C. Gause, Gerald M. Weinberg (著)　共立出版 (1993)

・『ソフトウエアの要求「発明」学』Suzanne Robertson, James Robertson (著)　日経BP (2007)

・『ユースケース実践ガイド―効果的なユースケースの書き方』Alistair Cockburn (著)　翔泳社 (2001)

・『イノベーションのジレンマ』Clayton M. Christense (著)　翔泳社 (2001)

・『政府CIOポータル - Government Chief Information Officers' Portal, Japan』(https://cio.go.jp/ guides)

　　『デジタル・ガバメント推進標準ガイドライン本編』内閣官房　情報通信技術 (IT) 総合 戦略室 (https://cio.go.jp/guide/guideline_t/index.html)

　　『デジタル・ガバメント推進標準ガイドライン解説書』内閣官房　情報通信技術 (IT) 総 合戦略室 (https://cio.go.jp/guide/manual_t/index.html)

　　『デジタル・ガバメント推進標準ガイドライン実践ガイドブック』内閣官房　情報通信 技術 (IT) 総合戦略室 (https://cio.go.jp/guide/guidebook_t/index.html)

・『システム及びソフトウェア品質の見える化、確保及び向上のためのガイド』
　　『ソフトウェアメトリクス高度化プロジェクト　プロダクト品質メトリクス WG』
　　(https://www.meti.go.jp/policy/it_policy/softseibi/metrics/product_metrics.pdf)

・『国内のシステム及びソフトウェアの品質保証に係る成果物情報』
　　『ソフトウェアメトリクス高度化プロジェクト　プロダクト品質メトリクス WG』
　　（https://www.meti.go.jp/policy/it_policy/softseibi/metrics/product_metrics_appendix.pdf）

・『DX レポート 〜IT システム「2025 年の崖」克服と DX の本格的な展開〜』
　　『経済産業省　デジタルトランスフォーメーションに向けた研究会』（https://www.meti.
　　go.jp/shingikai/mono_info_service/digital_transformation/20180907_report.html）

・『機能要件の合意形成ガイド　〜「発注者ビューガイドライン ver.1.0」改訂版〜』
　　『ソフトウェア・エンジニアリング・センター　要求・アーキテクチャ領域　機能要件
　　の合意形成技法ＷＧ』（https://www.ipa.go.jp/sec/softwareengineering/reports/20100331.
　　html）

・『経営者が参画する要求品質の確保　〜超上流から攻める IT 化の勘どころ〜 第 2 版』独立行
　　政法人情報処理推進機構　ソフトウェア・エンジニアリング・センター（https://www.ipa.
　　go.jp/sec/publish/tn05-002.html）

・『ユーザのための要件定義ガイド　要件定義を成功に導く 128 の勘どころ』独立行政法人情
　　報処理推進機構（IPA）技術本部　ソフトウェア高信頼化センター（SEC）

・『共通フレーム 2013　〜経営者、業務部門とともに取組む「使える」システムの実現〜』独
　　立行政法人情報処理推進機構（IPA）　技術本部　ソフトウェア高信頼化センター（SEC）
　　（https://www.ipa.go.jp/sec/publish/tn12-006.html）

・『非機能要求グレード 2018』独立行政法人　情報処理推進機構　社会基盤センター（https://
　　www.ipa.go.jp/sec/softwareengineering/std/ent03-b.html）
　　　　利用ガイド（利用編）
　　　　利用ガイド（解説編）
　　　　項目一覧…非機能要求項目の一覧表
　　　　樹系図

・『非機能要求グレード 2018』
　　『経営に活かす IT 投資の最適化』独立行政法人　情報処理推進機構　社会基盤センター
　　（https://www.ipa.go.jp/files/000004568.pdf）

・『重要インフラ情報システム信頼性研究会報告書』独立行政法人　情報処理推進機構　重要
　　インフラ情報システム信頼性研究会（https://www.ipa.go.jp/sec/softwareengineering/
　　reports/20090409.html）

・『システム・リファレンス・マニュアル（ＳＲＭ）』社団法人 日本情報システム・ユーザー
　　協会（https://www.ipa.go.jp/about/jigyoseika/04fy-pro/chosa/srm/index.pdf）

・『別紙 8 PARTNER システム要件定義書』独立行政法人 国際協力機構（https://www.jica.
　　go.jp/announce/public/ku57pq00001la6yl-att/140114_opi_08.pdf）

おわりに

　最後の Chapter で述べたトレーサビリティやライフサイクル管理を積極的に実践している事例は、現場でなかなかお目にかからないかもしれません。が、海外の企業では珍しいことではありません。投資家は、投資先企業のお金の使い方に大変敏感で、投資判断には、合理的な根拠が求められるからです。投資の対象がシステムだからといって特別扱いされることはありません。

　なぜ、日本の組織では、システムのライフサイクル管理への関心が低いのでしょうか。その理由としては、日本と海外の IT 人材の分布の違いが原因として考えられます（Chapter 1 のコラム参照）。日本はベンダーがシステム構築を担うことが圧倒的に多く、そのベンダーは契約期間を終えるとプロジェクトを去り、その後、要求が実現された否かに関心を持つことはありません。一方、海外の企業では、IT 要員は社員として採用されていることが多く、システム化の対象は自社の事業や業務です。上級職ともなれば、システムに関するさまざまな数字（投資対効果やコスト）についてトップから説明を求められることも多く、常に正確な情報と自分の見解を持つことが求められます。

　日本ではベンダーとユーザー企業の情報システム部門の役割や人員構成が当面大きく変わることはないと思われますが、徐々に両者の関係が見直されていく可能性は大でしょう。従来の「ものづくり」の発注者、受注者というスポット的な関係ではなく、システムのライフサイクルを通して協業のパートナーと位置づけられるような関係、具体的には、システムのリリース後も、ベンダーがお客様の事業やシステムに継続的にアドバイスやコンサルティングを求められるような関係が望まれてきます。開発以外の仕事で正当な対価を要求できない、支払えないといった慣習があるなら、双方の意識や自覚を変えなければなりません。

　システムの誕生（企画・発案）から除却まで、ベンダーが牽引して進めることはたくさんあります。

　最近よく話題となるデジタル技術を活用したビジネスの刷新について、〇年後にX事業がどうあるべきか、それをどのように実現するか、デジタル技術の活用を指南できるのはベンダーです。ベンダーからユーザーへは、従来のよう

に、業務担当者やシステムの利用者に問題点をヒアリングするだけでは不十分で、事業責任者の問題意識や今後の方向性を正確に把握、共有し、デジタル基盤や実現手段をかみ砕いて説きながら、対等に意見交換するスキルが求められます。

　また、ビジネスの刷新やシステムの全面リプレースに際して、既存システムの存在が足枷になるのは大きなリスクです。既存のシステムが役割を果たし終えたなら、正しく評価し、取り除く判断を行わなければなりません。それらの仕組みを整えるのもベンダーです。

　事業の視点でシステムを捉えると、組織にとって、要求や要件の定義をしっかりと行える人材がいかに重要か理解いただけると思います。

　これらの人材に必要なスキルは、プログラミングのように、マニュアルやテンプレートに頼ることができません。案件の性質にあわせて柔軟に対処することが求められるからです。要件定義の各フェーズの目的を理解し、今後、皆さんがカスタマイズやテーラリングで経験を積んでいくに際し、本書をその出発点として役に立てていただくことを願っております。

上村有子

┃ 著者プロフィール ┃

上村 有子（うえむら　ゆうこ）

エディフィストラーニング株式会社で人材育成に従事。専門領域は、BA（Business Analysis）、BI（Business Intelligence）。実家は観光地で、中高生の頃から旅行者に道を教えるのが好きだった。BAやインストラクタは天職だと感じている。現職で、役立ちそうなスキルや方法論を情報収集しSEへの普及に努めている。CBAP®、PMP®などの資格保有。

■ お問い合わせについて

・ ご質問は本書に記載されている内容に関するものに限定させていただきます。本書の内容と関係のないご質問には一切お答えできませんので、あらかじめご了承ください。

・ 電話でのご質問は一切受け付けておりませんので、FAXまたは書面にて下記までお送りください。また、ご質問の際には書名と該当ページ、返信先を明記してくださいますようお願いいたします。

・ お送り頂いたご質問には、できる限り迅速にお答えできるよう努力いたしておりますが、お答えするまでに時間がかかる場合がございます。また、回答の期日をご指定いただいた場合でも、ご希望にお応えできるとは限りませんので、あらかじめご了承ください。

・ ご質問の際に記載された個人情報は、ご質問への回答以外の目的には使用しません。また、回答後は速やかに破棄いたします。

■ 装丁　　　　　　　　　　井上新八
■ 本文デザイン　　　　　　BUCH⁺
■ DTP　　　　　　　　　　リンクアップ
■ 本文イラスト　　　　　　リンクアップ
■ 担当　　　　　　　　　　早田治

ず かい そく せんりょく
図解即戦力

よう けん てい ぎ　　　　　　　　　　　じっ せん ほう ほう
要件定義のセオリーと実践方法が
きょう か しょ
これ1冊でしっかりわかる教科書

2020年 7月11日　初版　第1刷発行
2024年 5月 7日　初版　第5刷発行

著　者　　エディフィストラーニング株式会社　上村有子
　　　　　　　　　　　　　　かぶしきがいしゃ　　　うえむらゆうこ
発行者　　片岡 巌
発行所　　株式会社技術評論社
　　　　　東京都新宿区市谷左内町21-13
　　　　　電話　　　03-3513-6150　販売促進部
　　　　　　　　　　03-3513-6166　出版業務課
印刷／製本　株式会社加藤文明社

ISBN978-4-297-11367-4 C3055　　　　　　　　　　　Printed in Japan

■ 問い合わせ先

〒 162-0846
東京都新宿区市谷左内町 21-13
株式会社技術評論社 出版業務課

「図解即戦力　要件定義のセオリーと
実践方法がこれ1冊で
しっかりわかる教科書」係

FAX：03-3513-6171

技術評論社お問い合わせページ
https://book.gihyo.jp/116